FICHES BAC

Tle

NOUVEAU BAC

Maths

SPÉCIALITÉ

Michel Abadie
Professeur agrégé de mathématiques

Jacques Delfaud
Professeur agrégé de mathématiques

Pierre Larivière
Professeur certifié de mathématiques

Annick Meyer
Professeure agrégée de mathématiques

Jean-Dominique Picchiottino
Professeur agrégé de mathématiques

Sophie Dupuy-Touzet
Professeure agrégée de mathématiques

Martine Salmon
Professeure agrégée de mathématiques

Hatier

SOMMAIRE

Quand vous avez révisé une fiche, cochez la case ❐ correspondante !

Algèbre et géométrie

Combinatoire et dénombrement

Vecteurs, droites et plans de l'espace

Orthogonalité et distances dans l'espace

Équations de droites et de plans

Analyse

Suites numériques

Compléments sur la dérivation

Limites et continuité des fonctions d'une variable réelle

Fonctions de référence : logarithme, sinus et cosinus

Primitives, équations différentielles

Calcul intégral

Probabilités

Schéma de Bernoulli, loi binomiale

Sommes de variables aléatoires

Concentration, loi des grands nombres

Annexes

Maquette de principe : Frédéric Jély • **Mise en pages** : STDI
Schémas : STDI • **Édition** : Jean-Marc Cheminée, Damien Lagarde

ISBN 978-2-401-06430-0

Réunion, produit et parties d'ensembles

1

☐ OK

I Réunion de deux ensembles

Définition : La **réunion** de deux ensembles A et B est l'ensemble des éléments appartenant à A **ou** à B ; elle est notée $A \cup B$.

À noter

L'**intersection** de deux ensembles A et B est l'ensemble des éléments appartenant à A et à B ; elle est notée $\mathbf{A \cap B}$.

Principe additif : Soient A et B deux ensembles disjoints (d'intersection vide). Si m et n sont les nombres d'éléments respectifs de A et de B, alors la réunion de A et B comporte $m + n$ éléments.

À noter

Si les deux ensembles ne sont pas disjoints, il faut ôter au résultat le nombre d'éléments r de leur intersection.

II Produit cartésien

Définitions : Le **produit cartésien** de deux ensembles A et B est l'ensemble des couples (a,b) tels que $a \in A$ et $b \in B$. Il est noté $A \times B$.

On note A^k l'ensemble $\underbrace{A \times A \times \ldots \times A}_{k \text{ termes}}$, ces éléments sont des k-uplets.

Principe multiplicatif : Si m et n (entiers naturels non nuls) sont les nombres d'éléments respectifs de deux ensembles A et B, alors le produit cartésien $A \times B$ comporte $m \times n$ éléments.

Soit A un ensemble à n éléments et k un entier naturel non nul. L'ensemble A^k des k-uplets (k-listes) d'éléments de A comporte n^k éléments.

III Parties d'un ensemble

Définition : Un ensemble A est une **partie** d'un ensemble E si et seulement si tous les éléments de A sont des éléments de E.

On écrit alors $A \subset E$.

On dit également que A est un **sous-ensemble** de E.

Théorème : Le nombre de parties d'un ensemble à n éléments est 2^n.

À noter

C'est également le nombre de n-uplets de l'ensemble $\{0\,;1\}$.

Méthodes

1 Déterminer le nombre d'éléments d'une réunion d'ensembles

Déterminer le nombre d'entiers naturels inférieurs à 199 dont l'écriture décimale comporte le chiffre 0.

Conseils
Regroupez les nombres considérés en plusieurs ensembles facilement dénombrables.

SOLUTION
Les ensembles disjoints : $A = \{0;10;\ldots;90\}$, $B = \{100;\ldots;109\}$ et $C = \{110;\ldots;190\}$ possèdent respectivement 10, 10 et 9 éléments. A et B ont chacun 10 éléments et C en a 9. **Il y a donc en tout 29 entiers naturels** qui correspondent aux critères.

2 Utiliser le produit cartésien

Les cartes d'un jeu sont numérotées de 1 à 3 et coloriées en rouge, vert, bleu, jaune ou noir. Toutes les cartes de ce jeu sont différentes et ce jeu contient toutes les cartes possibles.

Combien y a-t-il de cartes dans ce jeu ?

Conseils
Caractérisez chaque carte par un couple.

SOLUTION
Considérons $N = \{1;2;3\}$ et $C = \{\text{rouge};\text{vert};\text{bleu};\text{jaune};\text{noir}\}$. Alors chaque couple de $N \times C$ définit une unique carte du jeu complet. Il y a donc $3 \times 5 =$ **15 cartes** dans ce jeu.

3 Dénombrer le nombre de parties d'un ensemble

Un caractère Braille est représenté par deux colonnes de trois points chacune, chaque point étant ou non en relief.

Combien peut-on former de caractères différents, sachant qu'au moins un des points doit être en relief ?

Conseils
Considérez un caractère comme une partie d'un ensemble à six éléments.

SOLUTION
Considérons l'ensemble B des six points des deux colonnes, tous ces points étant en relief. Fabriquer un caractère braille, c'est choisir les points qui seront en relief, c'est-à-dire choisir une partie de B différente de la partie vide (un au moins des points est en relief) : il y a donc $2^6 - 1$ choix possibles, soit **63 caractères brailles**.

Arrangements, factorielle et combinaisons

2

☐ OK

I Arrangements et factorielle

Définition : Soit $k \in \mathbb{N}^*$. On appelle **arrangement** de k éléments d'un ensemble E comportant n éléments, tout k-uplet d'éléments deux à deux distincts de E.

Théorème : Le nombre d'arrangements de k éléments d'un ensemble à n éléments est $n(n-1)(n-2)\ldots(n-k+1)$.

Définition : La **factorielle** d'un entier naturel non nul n est le produit des entiers naturels non nuls inférieurs ou égaux à n ; elle est notée $n!$.

On convient de plus que $0! = 1$.

Remarque : Un arrangement des n éléments d'un ensemble E à n éléments est appelé une **permutation** des éléments de E. Il y a $n!$ permutations de E.

À noter

Pour tout entier naturel n :
$(n+1)! = (n+1) \times n!$

II Combinaisons

Définition : Soit $k \in \mathbb{N}^*$. On appelle **combinaison** de k éléments d'un ensemble E comportant n éléments, toute partie de E possédant k éléments.

Théorème : Soit $n \in \mathbb{N}$ et k entier, $0 \leqslant k \leqslant n$. Le nombre de combinaisons de k éléments d'un ensemble à n éléments est :

$$\frac{n(n-1)(n-2)\ldots(n-k+1)}{k!} \quad \text{ou encore} \quad \frac{n!}{k!(n-k)!}.$$

Ce nombre est noté $\binom{n}{k}$ qu'on lit « k parmi n ».

Valeurs particulières et propriétés

Pour tous entiers naturels n et k, $0 \leqslant k \leqslant n$:

- $\binom{n}{0} = 1$; $\binom{n}{1} = n$; $\binom{n}{2} = \frac{n(n-1)}{2}$ et $\binom{n}{k} = \binom{n}{n-k}$.
- **Relation de Pascal**

Si $k+1 \leqslant n$, $\binom{n+1}{k+1} = \binom{n}{k} + \binom{n}{k+1}$.

Cette relation permet de construire le **triangle de Pascal**.

Méthodes

1 Déterminer un nombre de *k*-uplets

On dispose de 10 couleurs pour fabriquer un drapeau tricolore de trois bandes horizontales. Combien de drapeaux différents pourra-t-on fabriquer ?

Conseils

Identifiez la taille des *k*-uplets, c'est-à-dire *k*, et l'ensemble des éléments pouvant former ces *k*-uplets.

SOLUTION

Pour fabriquer un drapeau tricolore il faut choisir trois couleurs différentes parmi les 10 couleurs et colorier les bandes du drapeau, par exemple de haut en bas, à l'aide de ces trois couleurs.
Il y a $10 \times 9 \times 8$ triplets de trois couleurs distinctes, soit 720 drapeaux tricolores possibles.

2 Calculer à l'aide de combinaisons

Calculer $\binom{9}{4}$ et $\binom{9}{6}$. En déduire $\binom{9}{5}$, $\binom{10}{5}$, $\binom{10}{6}$ et $\binom{11}{6}$.

Conseils

Utilisez la symétrie de $\binom{n}{k}$ et la relation de Pascal.

SOLUTION

On a $\binom{9}{4} = \dfrac{9 \times 8 \times 7 \times 6}{4 \times 3 \times 2 \times 1} = 126$ et, par symétrie,

$\binom{9}{6} = \binom{9}{3} = \dfrac{9 \times 8 \times 7}{3 \times 2 \times 1} = 84$.

En utilisant la symétrie puis la relation de Pascal :

$\binom{9}{5} = \binom{9}{4} = 126$; $\binom{10}{5} = \binom{9}{4} + \binom{9}{5} = 252$;

$\binom{10}{6} = \binom{9}{5} + \binom{9}{6} = 210$ et $\binom{11}{6} = \binom{10}{5} + \binom{10}{6} = 462$.

Démonstration par récurrence

3

☐ OK

I Le principe de récurrence

Soit n_0 un entier naturel et soit $\mathcal{P}_{n_0}, \mathcal{P}_{n_0+1}, \mathcal{P}_{n_0+2}, \ldots, \mathcal{P}_n, \ldots$ une suite de propositions.

Si la $\mathcal{P}_{n_0}$ est vraie et si, pour n'importe quel entier naturel n tel que $n \geqslant n_0$, la vérité de $\mathcal{P}_n$ entraîne celle de $\mathcal{P}_{n+1}$, alors on peut conclure que pour tout entier naturel n tel que $n \geqslant n_0$, $\mathcal{P}_n$ est vraie.

À noter

Dans la grande majorité des cas, n_0 vaut 0 ou 1.

II La démonstration par récurrence

1 Mise en œuvre

Soit n_0 un entier naturel. Pour démontrer par récurrence qu'une proposition $\mathcal{P}_n$ est vraie pour tout entier $n \geqslant n_0$, on procède en deux étapes qui permettront de conclure :

- l'initialisation pour vérifier que la proposition $\mathcal{P}_{n_0}$ est vraie ;
- l'hérédité montrant que si la proposition $\mathcal{P}_n$ est vraie pour un entier naturel n *quelconque* tel que $n \geqslant n_0$, alors la proposition $\mathcal{P}_{n+1}$ doit être également vraie.

Le principe de récurrence permet alors de conclure que pour tout entier naturel n tel que $n \geqslant n_0$, la proposition $\mathcal{P}_n$ est vraie.

À noter

Lors de la seconde étape, on suppose la proposition $\mathcal{P}_n$ vraie pour un certain rang n : c'est l'**hypothèse de récurrence**, souvent notée HR.

2 Quelques pièges à éviter

- Oublier l'initialisation : par exemple la proposition « $10^n + (-1)^n$ est un multiple de 11 » est héréditaire, puisque $10^{n+1} + (-1)^{n+1} = 10\left(10^n + (-1)^n\right) - 11(-1)^n$, mais elle est fausse pour tout entier n.

- Supposer, pour montrer l'hérédité, que la proposition est vraie pour tout entier naturel n, puisque c'est ce que l'on veut démontrer !

On supposera donc la proposition vraie pour un entier naturel.

Méthode

Démontrer une égalité

Démontrer par récurrence que pour tout entier n, $n > 0$:

$$\sum_{k=1}^{n}(k+1)\times 2^{k-1} = n\times 2^{n}.$$

Conseils

Lorsque l'on exprime la propriété au rang $n+1$, il faut remplacer « tous les n » par des « $n+1$ ».

SOLUTION

- **Initialisation :** Pour $n = 1$,

$$\sum_{k=1}^{n}(k+1)\times 2^{k-1} = \sum_{k=1}^{1}(k+1)\times 2^{k-1}$$
$$= 2\times 2^{0} = 2.$$

Et, $n\times 2^{n} = 2$. La proposition est donc vraie au rang 1.

- **Hérédité :** Supposons que pour un entier naturel non nul n :

$$\sum_{k=1}^{n}(k+1)\times 2^{k-1} = n\times 2^{n}.$$

(C'est l'hypothèse de récurrence : HR.)

On veut en déduire que $\sum_{k=1}^{n+1}(k+1)\times 2^{k-1} = (n+1)\times 2^{n+1}$.

Conseils

Lors de cette étape, tout d'abord, établissez un lien entre les propositions aux rangs n et $n+1$, puis utilisez l'hypothèse de récurrence.

On a :

$$\sum_{k=1}^{n+1}(k+1)\times 2^{k-1} = \sum_{k=1}^{n}(k+1)\times 2^{k-1} + (n+2)2^{n}$$
$$= n\times 2^{n} + (n+2)2^{n} \text{ (HR)}$$
$$= (n+1)\times 2^{n+1}.$$

La propriété est donc héréditaire.

- **Conclusion :** Le principe de récurrence permet de conclure que :

$$\forall n \in \mathbb{N}^*,\ \sum_{k=1}^{n}(k+1)\times 2^{k-1} = n\times 2^{n}.$$

Quiz EXPRESS 4

Avez-vous bien révisé les fiches 1 à 3 ? On vérifie !

Combinatoire et dénombrement

1 Réunions, produit et parties d'ensembles

▶ FICHE 1

1. Un code est composé de 2 lettres de l'alphabet suivies de 3 chiffres. Le nombre de codes différents est :

☐ **a.** supérieur à 8×5^7

☐ **b.** 676 000

☐ **c.** 82

2. Quatre personnes se présentent à un casting à l'issue duquel jusqu'à quatre personnes peuvent être retenues. Le nombre de situations différentes produites est :

☐ **a.** 4 ☐ **b.** 5 ☐ **c.** 16

2 *k*-uplets, factorielle, combinaisons

▶ FICHE 2

1. Le code d'un cadenas est composé de 3 chiffres (de 0 à 9) deux à deux distincts. Le nombre de codes possibles est :

☐ **a.** 720 ☐ **b.** 30 ☐ **c.** 1 000

2. Les élèves de première générale d'un lycée doivent choisir trois spécialités parmi les 12 proposées. Le nombre de groupes d'élèves ayant choisi les trois mêmes spécialités vaut au maximum :

☐ **a.** 36 ☐ **b.** 1 320 ☐ **c.** 220

3. Pour tous entiers naturels n, p et k tels que $k > 1$, on a :

☐ **a.** $\binom{n+p}{p} = \binom{n+p}{n}$ ☐ **b.** $\binom{k \times n}{k \times p} = \binom{n}{p}$ ☐ **c.** $\binom{k+n}{k+p} = \binom{n}{p}$

3 Récurrence et sommes

▶ FICHE 3

On démontre par récurrence que la somme des mesures des angles intérieurs (en degrés) d'un polygone convexe à n sommets est :

☐ **a.** 180 ☐ **b.** $60n$ ☐ **c.** $180(n-2)$

CORRIGÉS

1 Réunions, produit et parties d'ensembles

1. Réponse b. Il y a 26^2 couples de deux lettres et 1 000 triplets de 3 chiffres, soit en tout $26 \times 26 \times 10 \times 10 \times 10 = 676\,000$ codes différents.

2. Réponse c. L'issue du casting est l'ensemble des personnes choisies (s'il y en a). C'est donc une partie d'un ensemble à quatre éléments : il y en a $2^4 = 16$.

2 *k*-uplets, factorielle, combinaisons

1. Réponse a. Il s'agit ici de triplets d'éléments deux à deux distincts (arrangements) pris dans un ensemble à 10 éléments : il y en a $10 \times 9 \times 8 = 720$.

2. Réponse c. Il y a $\binom{12}{3}$ manières de choisir 3 spécialités parmi 12, soit 220. Il y a donc 220 groupes possibles *a priori*.

3. Réponse a. Pour tous entiers naturels n et p, on a par symétrie : $\binom{n+p}{p} = \binom{n+p}{n}$ puisque $(n+p)-p=n$.

Contre-exemples : $\binom{2\times 5}{2\times 4} = 45$ et $\binom{2+5}{2+4} = 7$ mais $\binom{5}{4} = 5$.

3 Récurrence et sommes

Réponse c. • Initialisation : Pour $n = 3$, $180(n-2) = 180$ résultat bien connu pour un triangle.

• **Hérédité :** Soit un entier $n \geqslant 3$, supposons que la somme des mesures des angles soit égale à $180(n-2)$.

Notons A_1, A_2, ... A_n, A_{n+1} les sommets d'un polygone P_{n+1} convexe à $n+1$ sommets. Considérons alors le triangle $\mathcal{T} = A_1A_nA_{n+1}$ intérieur au polygone P_{n+1} et le polygone P_n de sommets A_1, A_2, ... A_n.

La somme des mesures des angles intérieurs à P_{n+1} est égale à la somme des mesures de P_n augmentée de celle des mesures du triangle $\mathcal{T}$ soit, d'après l'hypothèse de récurrence, $(n-2)\times 180 + 180 = (n-1)\times 180$.

Le principe de récurrence permet de conclure.

Les vecteurs de l'espace

5

☐ OK

I Définitions et opérations

1 Vecteurs de l'espace

- Soit A et B deux points de l'espace. Le vecteur $\overrightarrow{AB}$ est défini par :
• sa **direction,** celle de la droite (AB) ;
• son **sens,** de A vers B ;
• sa **norme**, notée $\|\overrightarrow{AB}\|$, qui est la distance $AB = \|\overrightarrow{AB}\|$.

- Comme en géométrie plane, on peut définir la translation de vecteur $\overrightarrow{AB}$ (notée $t_{\overrightarrow{AB}}$) qui transforme le point A en le point B.

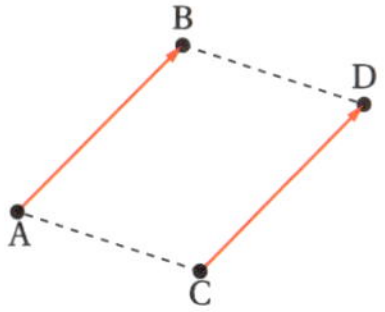

- Pour tous points A, B, C, D :
$\overrightarrow{AB} = \overrightarrow{CD} \Leftrightarrow$ ABDC est un parallélogramme.

2 Addition de deux vecteurs

- Soit $\vec{u}$ et $\vec{v}$ deux vecteurs. On définit le vecteur $\vec{u} + \vec{v}$ en construisant un parallélogramme : si $\vec{u} = \overrightarrow{AB}$ et $\vec{v} = \overrightarrow{AC}$, alors $\vec{u} + \vec{v} = \overrightarrow{AD}$ tel que ABDC est un parallélogramme. L'image du point C par la translation de vecteur $\overrightarrow{AB}$ est D.

- Pour tous les points A, B et C : $\overrightarrow{AB} + \overrightarrow{BC} = \overrightarrow{AC}$ (relation de Chasles).

3 Multiplication d'un vecteur par un réel

- Soit $\vec{u}$ un vecteur de l'espace, $\vec{u} \neq \vec{0}$, et α un réel, $\alpha \neq 0$.
Le produit du vecteur $\vec{u}$ par le réel α est le vecteur noté $\alpha\vec{u}$ qui a :
• la même direction que $\vec{u}$;
• le même sens que $\vec{u}$ si $\alpha > 0$, le sens contraire si $\alpha < 0$;
• pour norme $\|\alpha\vec{u}\| = |\alpha| \times \|\vec{u}\|$.

- Si $\vec{u} = \vec{0}$ ou $\alpha = 0$, alors $\alpha\vec{u} = \vec{0}$.

- Pour tous nombres réels α et β, et tous vecteurs $\vec{u}$ et $\vec{v}$ de l'espace :
$\alpha(\vec{u} + \vec{v}) = \alpha\vec{u} + \alpha\vec{v}$;
$(\alpha + \beta)\vec{u} = \alpha\vec{u} + \beta\vec{u}$.

À noter

Comme dans le plan, le **vecteur nul**, noté $\vec{0}$, est le vecteur dont la norme est égal à 0. L'**opposé** d'un vecteur $\vec{u}$ est le vecteur $-\vec{u}$.

II Vecteurs colinéaires et points alignés, coordonnées

- Soit A, B et C trois points de l'espace.

A, B, C alignés $\Leftrightarrow \overrightarrow{AB}$ et $\overrightarrow{AC}$ colinéaires

$\Leftrightarrow$ Il existe $\alpha \in \mathbb{R}$ tel que $\overrightarrow{AC} = \alpha\overrightarrow{AB}$.

- Pour tous vecteurs $\vec{u}(x\,;y\,;z)$ et $\vec{v}(x'\,;y'\,;z')$ de l'espace, et tout $\alpha \in \mathbb{R}$: $\vec{u}+\vec{v}(x+x'\,;y+y'\,;z+z')$ et $\alpha\vec{u}(\alpha x\,;\alpha y\,;\alpha z)$.

- Soit $A(x_A\,;y_A\,;z_A)$ et $B(x_B\,;y_B\,;z_B)$ deux points de l'espace. On note I le milieu de [AB].

$$\overrightarrow{AB}\,(x_B - x_A\,;y_B - y_A\,;z_B - z_A)$$

$$I\left(\frac{x_A + x_B}{2};\frac{y_A + y_B}{2};\frac{z_A + z_B}{2}\right)$$

$$\|\overrightarrow{AB}\| = \sqrt{(x_B - x_A)^2 + (y_B - y_A)^2 + (z_B - z_A)^2}$$

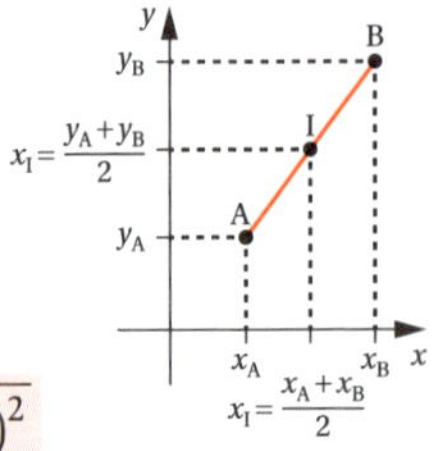

Méthode

Utiliser les propriétés des vecteurs de l'espace

Dans l'espace muni d'un repère orthonormé $(O\,;\vec{i},\vec{j},\vec{k})$, on considère les points $A(2\,;-1\,;3)$, $B(-1\,;-2\,;5)$ et $C(8\,;1\,;-1)$.

a. Démontrer que les points A, B et C sont alignés.

b. Calculer les coordonnées du milieu I du segment $[AC]$.

Conseils

a. Calculez les coordonnées de $\overrightarrow{AB}$ et $\overrightarrow{AC}$ et cherchez α tel que $\overrightarrow{AC} = \alpha\overrightarrow{AB}$.

b. Appliquez la formule $I\left(\frac{x_A + x_B}{2};\frac{y_A + y_B}{2};\frac{z_A + z_B}{2}\right)$.

SOLUTION

a. $\overrightarrow{AB}(-1-2\,;-2-(-1)\,;5-3)$, soit $\overrightarrow{AB}(-3\,;-1\,;2)$.
$\overrightarrow{AC}(8-2\,;1-(-1)\,;-1-3)$, soit $\overrightarrow{AC}(6\,;2\,;-4)$. Ainsi $\overrightarrow{AC} = -2\overrightarrow{AB}$, donc $\overrightarrow{AB}$ et $\overrightarrow{AC}$ sont colinéaires. A, B et C sont donc alignés.

b. $I\left(\frac{2+8}{2};\frac{-1+1}{2};\frac{3+(-1)}{2}\right)$, soit $I(5\,;0\,;1)$.

Positions relatives de deux droites de l'espace

6

☐ OK

I Étude des positions relatives de deux droites

1 Droites coplanaires

Si deux droites $\mathcal{D}$ et Δ de l'espace sont coplanaires, alors elles sont **soit sécantes soit parallèles**.

$\mathcal{D}$ et Δ parallèles		$\mathcal{D}$ et Δ sécantes
strictement parallèles	confondues	
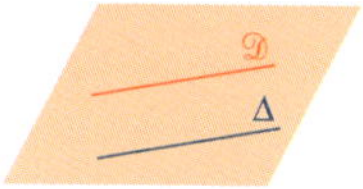	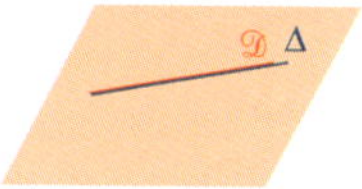	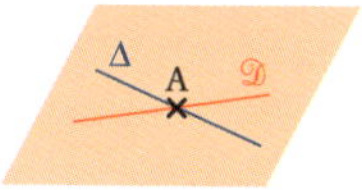
Aucun point commun	$\mathcal{D} = \Delta$	Un unique point commun

2 Droites non coplanaires

- Si deux droites $\mathcal{D}$ et Δ ne sont pas coplanaires, aucun plan ne les contient toutes les deux et elles n'ont aucun point d'intersection.
- Deux droites de l'espace sont **orthogonales** lorsque les parallèles à ces droites passant par un point donné sont perpendiculaires (dans le plan qu'elles forment).

Mot clé

Dans l'espace, deux droites sont **perpendiculaires** si et seulement si elles sont orthogonales et sécantes. Attention à bien faire la différence avec l'orthogonalité.

II Propriétés des droites de l'espace

- Si deux droites sont parallèles, toute droite parallèle à l'une est parallèle à l'autre, et toute droite orthogonale à l'une est orthogonale à l'autre.
- Si deux droites sont orthogonales, alors toute droite parallèle à l'une est orthogonale à l'autre. Mais, toute droite orthogonale à l'une n'est pas forcément parallèle à l'autre.
- Deux droites perpendiculaires à un même plan sont parallèles.

Méthode

Étudier la position relative de deux droites dans un cube

Dans le cube ABCDEFGH représenté ci-contre :
– le point I est le milieu du segment [AB] ;
– le point J est le milieu du segment [GH].

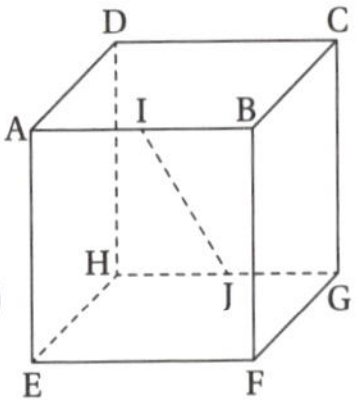

Donner la position relative des droites :

a. (IJ) et (BG)

b. (AD) et (CG)

c. (AD) et (DH)

d. (FG) et (IJ)

e. (IF) et (AB)

f. (AB) et (IJ)

g. (EF) et (IJ)

Conseils

Utilisez le fait que ABCDEFGH est un cube et les propriétés des faces et des arêtes d'un cube.

SOLUTION

a. Les droites (IJ) et (BG) sont parallèles dans le plan (ABG) qui est aussi le plan (ABGH).

b. Les droites (AD) et (CG) sont orthogonales.
En effet : (AD) // (BC) et (BC) et (CG) sont perpendiculaires en C car BCGF est un carré.

c. Les droites (AD) et (DH) sont perpendiculaires en D, car la face ADHE du cube est un carré.

d. Les droites (FG) et (IJ) sont non coplanaires car aucun plan ne les contient toutes les deux.

e. Les droites (IF) et (AB) sont sécantes.
En effet, elles sont coplanaires (plan (ABF)) et se coupent en I.

f. Les droites (AB) et (IJ) sont perpendiculaires car elles sont sécantes en I et orthogonales.
En effet : (IJ) // (BG), et (AB) et (BG) sont perpendiculaires car le quadrilatère ABGH est un rectangle.

g. Les droites (EF) et (IJ) sont orthogonales.
En effet : (AB) // (EF), et (AB) et (IJ) sont perpendiculaires (d'après la question f.).

À noter

Si deux droites sont **parallèles**, alors toute droite orthogonale (donc en particulier perpendiculaire) à l'une est orthogonale à l'autre.

Positions relatives d'une droite et d'un plan de l'espace

7

☐ OK

I Étude des positions relatives d'une droite et d'un plan de l'espace

- Dans l'espace, une droite et un plan sont **soit parallèles, soit sécants**.

$\mathcal{D}$ parallèle à $\mathcal{P}$		$\mathcal{D}$ et $\mathcal{P}$ sécants
strictement parallèles	$\mathcal{D} \subset \mathcal{P}$	
	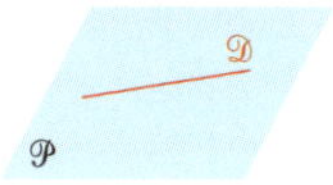	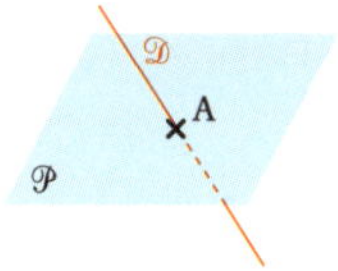
Aucun point commun	Points communs : $\mathcal{D}$	Un unique point commun

II Propriétés des droites et des plans de l'espace

1 Droite parallèle à un plan

- Si deux points distincts appartiennent à un plan, alors la droite qui passe par ces deux points est incluse dans ce plan.
- Si deux droites sont parallèles, alors l'une est parallèle à tout plan contenant l'autre.
- Si une droite est parallèle à une droite d'un plan, alors elle est parallèle à ce plan.

2 Droite perpendiculaire à un plan

- Pour qu'une droite $\mathcal{D}$ et un plan $\mathcal{P}$ soient perpendiculaires, il suffit que $\mathcal{D}$ soit orthogonale à deux droites **sécantes** de $\mathcal{P}$.
- Si une droite $\mathcal{D}$ et un plan $\mathcal{P}$ sont perpendiculaires, alors $\mathcal{D}$ est orthogonale à toutes les droites de $\mathcal{P}$.

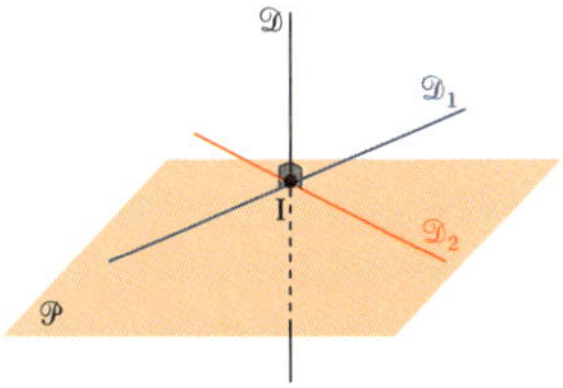

Méthode

Étudier la position relative d'une droite et d'un plan

On considère le cube ABCDEFGH représenté ci-dessous.

Déterminer la position relative :

a. de la droite (CG) et du plan (ABD).
b. de la droite (HF) et du plan (CAD).
c. de la droite (HF) et du plan (DEG).
d. de la droite (EH) et du plan (ADF).
e. de la droite (AB) et du plan (DEG).
f. de la droite (HF) et du plan (ACG).

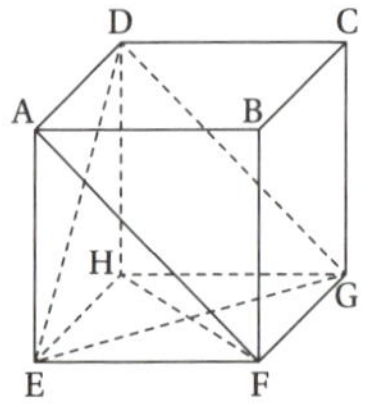

Conseils

- Observez la figure et utilisez les positions relatives des arêtes et des faces du cube pour répondre par le terme le plus précis possible.
- Pour chaque question, vous pouvez commencer par expliciter le plan qui est déterminé par trois points, en fonction, par exemple, des faces du cube.

SOLUTION

a. La droite (CG) est perpendiculaire au plan (ABD) = (ABCD).

b. La droite (HF) est strictement parallèle au plan (CAD).
En effet : (HF) // (DB) et (DB) appartient au plan (CAD) ; donc d'après la propriété rappelée dans le cours, (HF) est parallèle au plan (CAD).

c. La droite (HF) et le plan (DEG) sont sécants mais ne sont pas perpendiculaires car (HF) n'est pas orthogonale à (DE).

d. (EH) // (GF) et (GF) appartient au plan (ADF), donc la droite (EH) est parallèle au plan (ADF).

e. (AB) // (EF) et (EF) coupe le plan (DEG) en E, donc la droite (AB) et le plan (DEG) sont sécants.
En effet, raisonnons par l'absurde : si la droite (AB) et le plan (DEG) n'étaient pas sécants, ils seraient strictement parallèles, puis la droite (EF) et plan (DEG) aussi. Ce qui n'est pas le cas.

f. La droite (HF) est perpendiculaire, donc orthogonale, à la droite (EG) car EFGH est un carré. De plus, (HF) est perpendiculaire à la droite (BF), qui est elle-même parallèle à la droite (CG), donc les droites (HF) et (CG) sont orthogonales.
Ainsi, la droite (HF) est orthogonale à deux droites sécantes du plan (ACG), donc elle est perpendiculaire à ce plan.

Positions relatives de deux plans de l'espace

8

☐ OK

I Positions relatives de deux plans de l'espace

Dans l'espace, deux plans sont soit parallèles, soit sécants.

$\mathcal{P}$ et Q parallèles		$\mathcal{P}$ et Q sécants
strictement parallèles	confondus	
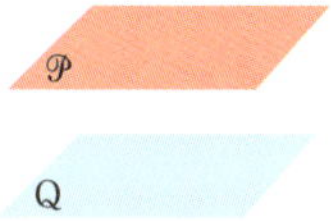		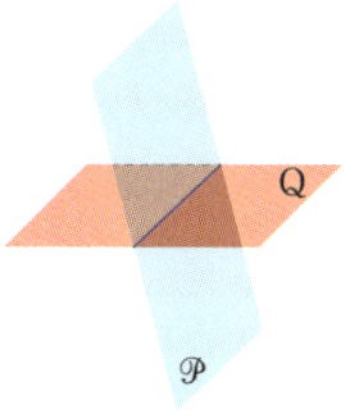
Aucun point commun	$\mathcal{P} = Q$	Une droite d'intersection

II Propriétés des plans de l'espace

1 Plans parallèles

- Si deux plans sont parallèles, alors tout plan parallèle à l'un est parallèle à l'autre.
- Si deux plans $\mathcal{P}_1$ et $\mathcal{P}_2$ sont perpendiculaires à une même droite $\mathcal{D}$, alors les deux plans $\mathcal{P}_1$ et $\mathcal{P}_2$ sont parallèles.
- Soit $\mathcal{D}_1$ et $\mathcal{D}_2$ deux droites parallèles. Si un plan $\mathcal{P}_1$ est perpendiculaire à $\mathcal{D}_1$ et un plan $\mathcal{P}_2$ est perpendiculaire à $\mathcal{D}_2$, alors $\mathcal{P}_1$ et $\mathcal{P}_2$ sont parallèles.

2 Plans perpendiculaires

- Si deux plans sont perpendiculaires :
  - tout plan parallèle à l'un est perpendiculaire à l'autre ;
  - tout plan perpendiculaire à l'un est parallèle à l'autre.
- Soit $\mathcal{D}_1$ et $\mathcal{D}_2$ deux droites orthogonales. Si un plan $\mathcal{P}_1$ est perpendiculaire à $\mathcal{D}_1$ et un plan $\mathcal{P}_2$ est perpendiculaire à $\mathcal{D}_2$, alors les plans $\mathcal{P}_1$ et $\mathcal{P}_2$ sont perpendiculaires.

Méthode

Étudier la position relative de deux plans de l'espace

On considère le cube ABCDEFGH représenté ci-dessous.

Déterminer la position relative des plans donnés. Lorsque deux plans sont sécants, préciser leur intersection.

a. Les plans (DEG) et (GBE).
b. Les plans (DCG) et (HGD).
c. Les plans (DCG) et (AFE).
d. Les plans (EFG) et (GFB).
e. Les plans (DEG) et (DCG).
f. Les plans (AEG) et (DCG).
g. Les plans (EHG) et (BCG).

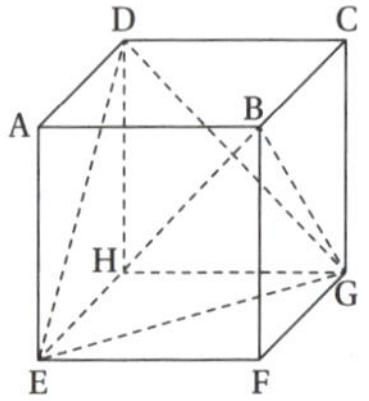

Conseils

- Répondez en employant le terme le plus précis possible.
- Pour chaque question, vous pouvez commencer par expliciter le plan qui est déterminé par trois points, en fonction, par exemple, des faces du cube.

SOLUTION

a. Les plans (DEG) et (GBE) sont sécants et leur intersection est la droite (EG). En effet, les points E et G appartiennent à chacun des deux plans donc la droite (EG) appartient à ces deux plans.

À noter

L'**intersection** de deux plans sécants (et non parallèles) est une droite.

b. Les plans (DCG) et (HGD) sont confondus.
c. Les plans (DCG) et (AFE) sont strictement parallèles, car les faces opposées d'un cube sont parallèles.
d. Les plans (EFG) et (GFB) sont perpendiculaires.
En effet, les faces d'un cube qui ont une arête commune sont perpendiculaires car toutes les faces d'un cube sont des carrés.
e. Les plans (DEG) et (DCG) sont sécants et leur intersection est la droite (DG). En effet, les points D et G appartiennent à chacun des deux plans donc la droite (DG) appartient à ces deux plans.
f. Les plans (AEG) et (DCG) sont sécants et leur intersection est la droite (CG). En effet, les points C et G appartiennent à chacun des deux plans donc la droite (CG) appartient à ces deux plans.
g. Les plans (EHG) et (BCG) sont perpendiculaires.

Étude vectorielle du parallélisme dans l'espace

9

☐ OK

I Caractérisation vectorielle d'une droite et d'un plan de l'espace

1 Droites de l'espace

Soit A un point et $\vec{u}$ un vecteur non nul.

La droite passant par A et de vecteur directeur $\vec{u}$ est l'ensemble des points M de l'espace pour lesquels il existe $t \in \mathbb{R}$ tel que $\overrightarrow{AM} = t\vec{u}$.

2 Plan de l'espace

- Un vecteur $\vec{n}$ non nul de l'espace est un vecteur normal à un plan $\mathcal{P}$ lorsqu'il est orthogonal à deux vecteurs non colinéaires du plan $\mathcal{P}$.
- Le plan passant par A et de vecteur normal $\vec{n}$ est l'ensemble des points M de l'espace tels que les vecteurs $\overrightarrow{AM}$ et $\vec{n}$ sont orthogonaux, c'est-à-dire que $\overrightarrow{AM} \cdot \vec{n} = 0$.

▶ FICHE 11

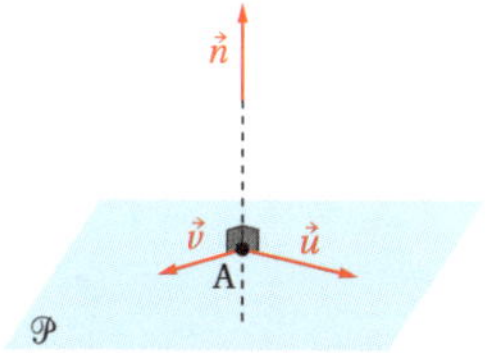

II Étude vectorielle du parallélisme dans l'espace

- **Parallélisme de deux droites de l'espace**

Soit $\mathcal{D}$ et Δ des droites ayant pour vecteurs directeurs $\vec{u} \neq \vec{0}$ et $\vec{v} \neq \vec{0}$.

$\mathcal{D} // \Delta \Leftrightarrow \vec{u}$ et $\vec{v}$ sont colinéaires $\Leftrightarrow$ Il existe $\alpha \in \mathbb{R}$ tel que $\vec{v} = \alpha\vec{u}$.

- **Parallélisme d'une droite et d'un plan de l'espace**

Soit $\mathcal{D}$ une droite et $\mathcal{P}$ un plan de l'espace, $\vec{u} \neq \vec{0}$ un vecteur directeur de $\mathcal{D}$ et $\vec{n} \neq \vec{0}$ un vecteur normal à $\mathcal{P}$.

$\mathcal{D} // \mathcal{P} \Leftrightarrow \vec{u}$ et $\vec{n}$ sont orthogonaux $\Leftrightarrow \vec{n} \cdot \vec{u} = 0$ ▶ FICHE 11

- **Parallélisme de deux plans de l'espace**

Soit $\mathcal{P}$ et $\mathcal{P}'$ deux plans de l'espace, $\vec{n} \neq \vec{0}$ un vecteur normal à $\mathcal{P}$ et $\vec{n}' \neq \vec{0}$ un vecteur normal à $\mathcal{P}'$.

$\mathcal{P} // \mathcal{P}' \Leftrightarrow \vec{n}$ et $\vec{n}'$ sont colinéaires $\Leftrightarrow$ Il existe $\alpha \in \mathbb{R}$ tel que $\vec{n}' = \alpha\vec{n}$.

Méthodes

1 Établir le parallélisme de deux droites de l'espace

Dans l'espace muni d'un repère orthonormé $\left(O;\vec{i},\vec{j},\vec{k}\right)$, on considère :

– une droite $\mathscr{D}$ de vecteur directeur $\vec{u}(2;1;-3)$;

– une droite $\mathscr{D}'$ de vecteur directeur $\vec{v}(-4;-2;6)$.

Démontrer que les droites $\mathscr{D}$ et $\mathscr{D}'$ sont parallèles.

Conseils

Démontrez que les vecteurs $\vec{u}$ et $\vec{v}$, vecteurs directeurs respectifs de la droite $\mathscr{D}$ et de la droite $\mathscr{D}'$, sont colinéaires.

SOLUTION

$\vec{u}(2;1;-3)$ et $\vec{v}(-4;-2;6)$, donc $\vec{v}=-2\vec{u}$.

En effet : $-4=(-2)\times 2$; $-2=(-2)\times 1$; $6=(-2)\times(-3)$.

Les vecteurs $\vec{u}$ et $\vec{v}$ sont colinéaires, donc les droites $\mathscr{D}$ et $\mathscr{D}'$ sont parallèles.

2 Établir le parallélisme de deux plans de l'espace

Dans l'espace muni d'un repère orthonormé $\left(O;\vec{i},\vec{j},\vec{k}\right)$, on considère le plan $\mathscr{P}_1$ d'équation cartésienne $-2x+y+z-6=0$ et le plan $\mathscr{P}_2$ d'équation cartésienne $4x-2y-2z+1=0$.

Démontrer que les plans $\mathscr{P}_1$ et $\mathscr{P}_2$ sont parallèles.

Conseils

Étape 1 Dans tous les cas, déterminez un vecteur normal aux plans considérés à partir de leur équation cartésienne. ▶ FICHE 15

Étape 2 Démontrez ensuite qu'un vecteur normal à $\mathscr{P}_2$ est colinéaire à un vecteur normal à $\mathscr{P}_1$.

SOLUTION

Étape 1 Le plan $\mathscr{P}_1$ a pour équation cartésienne $-2x+y+z-6=0$, donc $\vec{n}_1(-2;1;1)$ est un vecteur normal à ce plan.

Le plan $\mathscr{P}_2$ a pour équation cartésienne $4x-2y-2z+1=0$, donc $\vec{n}_2(4;-2;-2)$ est un vecteur normal à ce plan.

Étape 2 $\vec{n}_2=-2\vec{n}_1$ car $4=(-2)\times(-2)$; $-2=(-2)\times 1$; $-2=(-2)\times 1$.

Les vecteurs $\vec{n}_1$ et $\vec{n}_2$ sont colinéaires, donc les plans $\mathscr{P}_1$ et $\mathscr{P}_2$ sont parallèles.

Quiz EXPRESS 10

Avez-vous bien révisé les fiches 5 à 9 ? On vérifie !

Vecteurs, droites et plans de l'espace

On munit l'espace d'un repère orthonormé $(O;\vec{i},\vec{j},\vec{k})$.

1 Les vecteurs de l'espace

▶ FICHE 5

Les points A(1 ; –1 ; 3), B(1 ; 1 ; 3) et C(1 ; 1 ; –3) sont alignés.

☐ **a.** Vrai ☐ **b.** Faux

2 Positions relatives de deux droites

▶ FICHE 6

Si deux droites sont parallèles, alors :

☐ **a.** toute droite orthogonale à l'une est orthogonale à l'autre.

☐ **b.** toute droite orthogonale à l'une est parallèle à l'autre.

☐ **c.** toute droite parallèle à l'une est orthogonale à l'autre.

3 Positions relatives d'une droite et d'un plan

▶ FICHE 7

Si une droite est perpendiculaire à un plan, alors elle est orthogonale à toutes les droites incluses dans ce plan.

☐ **a.** Vrai ☐ **b.** Faux

4 Positions relatives de deux plans

▶ FICHE 8

Deux plans sécants sont perpendiculaires.

☐ **a.** Vrai ☐ **b.** Faux

5 Étude vectorielle du parallélisme

▶ FICHE 9

Parmi les affirmations suivantes, lesquelles sont vraies ?

☐ **a.** Les droites $\mathcal{D}$ de vecteur directeur $\vec{u}(-4;4;0)$ et Δ de vecteur directeur $\vec{v}(1;1;0)$ sont parallèles.

☐ **b.** Les plans $\mathcal{P}$ de vecteur normal $\vec{n}(2;-2;-4)$ et Q de vecteur normal $\vec{n}'(-1;1;2)$ sont parallèles.

CORRIGÉS

1 Les vecteurs de l'espace

Réponse b. Le vecteur $\overrightarrow{AB}$ a pour coordonnées $(0\,;2\,;0)$.

Le vecteur $\overrightarrow{AC}$ a pour coordonnées $(0\,;2\,;-6)$.

Les vecteurs $\overrightarrow{AB}$ et $\overrightarrow{AC}$ ne sont pas colinéaires, donc les points A, B et C ne sont pas alignés.

2 Positions relatives de deux droites

Réponse a. La propriété « Si deux droites sont parallèles, alors toute droite orthogonale à l'une est orthogonale à l'autre » est la seule vraie.

3 Positions relatives d'une droite et d'un plan

Réponse a. La propriété « Si une droite est perpendiculaire à un plan, alors elle est orthogonale à toutes les droites incluses dans ce plan » est la seule vraie.

4 Positions relatives de deux plans

Réponse b. La propriété « Deux plans sécants sont perpendiculaires » est fausse : deux plans sécants ne sont pas nécessairement perpendiculaires.

5 Étude vectorielle du parallélisme

Réponse b.

Les vecteurs $\vec{u}(-4\,;4\,;0)$ et $\vec{v}(1\,;1\,;0)$ ne sont pas colinéaires.

Les droites $\mathscr{D}$ et Δ dont les vecteurs $\vec{u}$ et $\vec{v}$ sont des vecteurs directeurs ne sont pas parallèles donc la proposition **a** est fausse.

Les vecteurs $\vec{n}(2\,;-2\,;-4)$ et $\vec{n}'(-1\,;1\,;2)$ sont colinéaires car $\vec{n} = -2\vec{n}'$. En effet, $2 = -2 \times (-1)\,; -2 = (-2) \times 1\,; -4 = -2 \times 2$.

Les plans $\mathscr{P}$ et Q dont les vecteurs $\vec{n}$ et $\vec{n}'$ sont des vecteurs normaux sont donc parallèles. La proposition **b** est vraie.

Produit scalaire de deux vecteurs de l'espace

11

☐ OK

I Définition

> **À noter**
> Comme dans le plan, le **produit scalaire** de deux vecteurs de l'espace est un nombre réel.

Soit $\vec{u}$ et $\vec{v}$ deux vecteurs de l'espace.

- Si $\vec{u} = \vec{0}$ ou $\vec{v} = \vec{0}$, alors $\vec{u} \cdot \vec{v} = 0$.
- Si $\vec{u} \neq \vec{0}$ et $\vec{v} \neq \vec{0}$, alors :

$$\vec{u} \cdot \vec{v} = \|\vec{u}\| \times \|\vec{v}\| \times \cos\left(\vec{u}\,;\vec{v}\right)$$

où l'angle $\left(\vec{u}\,;\vec{v}\right)$ est défini comme en géométrie plane.

II Propriétés

Soit $\vec{u}$, $\vec{v}$ et $\vec{w}$ des vecteurs de l'espace, et α un nombre réel.

Commutativité et distributivité

- $\vec{u} \cdot \vec{v} = \vec{v} \cdot \vec{u}$
- $(\alpha\vec{u}) \cdot \vec{v} = \alpha(\vec{u} \cdot \vec{v}) = \vec{u} \cdot (\alpha\vec{v})$
- $\vec{u} \cdot (\vec{v} + \vec{w}) = \vec{u} \cdot \vec{v} + \vec{u} \cdot \vec{w}$
- $(\vec{u} + \vec{v}) \cdot \vec{w} = \vec{u} \cdot \vec{w} + \vec{v} \cdot \vec{w}$

Norme

- $\vec{u} \cdot \vec{u} = \|\vec{u}\|^2$, noté aussi $\vec{u}^2$ (carré scalaire du vecteur $\vec{u}$)
- $\|\vec{u} + \vec{v}\|^2 = \|\vec{u}\|^2 + 2\vec{u} \cdot \vec{v} + \|\vec{v}\|^2$
- $\|\vec{u} - \vec{v}\|^2 = \|\vec{u}\|^2 - 2\vec{u} \cdot \vec{v} + \|\vec{v}\|^2$
- $\vec{u} \cdot \vec{v} = \frac{1}{2}\left(\|\vec{u}\|^2 + \|\vec{v}\|^2 - \|\vec{u} - \vec{v}\|^2\right) = \frac{1}{2}\left(\|\vec{u} + \vec{v}\|^2 - \|\vec{u}\|^2 - \|\vec{v}\|^2\right)$

Orthogonalité

$$\vec{u} \cdot \vec{v} = 0 \Leftrightarrow \vec{u} = \vec{0} \text{ ou } \vec{v} = \vec{0} \text{ ou } \vec{u} \perp \vec{v}$$

III Expression analytique du produit scalaire

L'espace est muni d'un repère orthonormé $\left(O\,;\vec{i}, \vec{j}, \vec{k}\right)$.

Soit $\vec{u}(x\,;y\,;z)$ et $\vec{v}(x'\,;y'\,;z')$ deux vecteurs de l'espace.

- $\vec{u} \cdot \vec{v} = xx' + yy' + zz'$
- $\|\vec{u}\| = \sqrt{x^2 + y^2 + z^2}$
- $AB = \|\overrightarrow{AB}\| = \sqrt{(x_B - x_A)^2 + (y_B - y_A)^2 + (z_B - z_A)^2}$

(avec $\vec{u} = \overrightarrow{AB}$ et $A(x_A\,;y_A\,;z_A)$ et $B(x_B\,;y_B\,;z_B)$).

Méthode

Calculer des distances dans l'espace

Dans l'espace muni d'un repère orthonormé $\left(O;\vec{i},\vec{j},\vec{k}\right)$, on considère le tétraèdre ABCD de sommets :

$A(0;0;3)$, $B\left(2\sqrt{2};0;-1\right)$, $C\left(-\sqrt{2};-\sqrt{6};-1\right)$, $D\left(-\sqrt{2};\sqrt{6};-1\right)$.

R, S, T et U sont les milieux respectifs de $[AC]$, $[AD]$, $[BD]$ et $[BC]$.

1. Démontrer que le tétraèdre ABCD est régulier, c'est-à-dire que toutes ses arêtes sont de même longueur.

2. a. Démontrer que le quadrilatère RSTU est un parallélogramme.

b. Ce parallélogramme a-t-il des propriétés supplémentaires ?

Conseils

1. Identifiez les arêtes et montrez qu'elles sont de même longueur.

SOLUTION

1. $AB=\sqrt{\left(2\sqrt{2}\right)^2+(-1-3)^2}=\sqrt{8+16}=\sqrt{24}$

On démontre de même que $AC=AD=BC=BD=CD=\sqrt{24}$.

Le tétraèdre ABCD est **un tétraèdre régulier**.

2. a. Le point R est le milieu de [AC], donc il a pour coordonnées $\left(\frac{0-\sqrt{2}}{2};\frac{0-\sqrt{6}}{2};\frac{3-1}{2}\right)$, soit $R\left(-\frac{\sqrt{2}}{2};-\frac{\sqrt{6}}{2};1\right)$. De même :

$S\left(-\frac{\sqrt{2}}{2};\frac{\sqrt{6}}{2};1\right)$; $T\left(\frac{\sqrt{2}}{2};\frac{\sqrt{6}}{2};-1\right)$; $U\left(\frac{\sqrt{2}}{2};-\frac{\sqrt{6}}{2};-1\right)$ ▶ FICHE 5.

On en déduit que :

$\overrightarrow{RS}\left(-\frac{\sqrt{2}}{2}-\left(-\frac{\sqrt{2}}{2}\right);\frac{\sqrt{6}}{2}-\left(-\frac{\sqrt{6}}{2}\right);1-1\right)$, soit $\overrightarrow{RS}\left(0;\sqrt{6};0\right)$;

$\overrightarrow{UT}\left(\frac{\sqrt{2}}{2}-\frac{\sqrt{2}}{2};\frac{\sqrt{6}}{2}-\left(-\frac{\sqrt{6}}{2}\right);-1-(-1)\right)$, soit $\overrightarrow{UT}\left(0;\sqrt{6};0\right)$.

Ainsi, $\overrightarrow{RS}=\overrightarrow{UT}$, donc le quadrilatère **RSTU est un parallélogramme**.

b. On a $\overrightarrow{ST}\left(\frac{\sqrt{2}}{2}-\left(-\frac{\sqrt{2}}{2}\right);\frac{\sqrt{6}}{2}-\frac{\sqrt{6}}{2};-1-1\right)$, soit $\overrightarrow{ST}\left(\sqrt{2};0;-2\right)$.

$RS=\sqrt{0^2+\left(\sqrt{6}\right)^2+0^2}=\sqrt{6}$ et $ST=\sqrt{\left(\sqrt{2}\right)^2+0^2+(-2)^2}=\sqrt{6}$.

De plus, $\overrightarrow{RS}\cdot\overrightarrow{ST}=0\times\sqrt{2}+\sqrt{6}\times 0+0\times(-2)=0$.

Ainsi, les côtés consécutifs [RS] et [ST] sont perpendiculaires et égaux, donc **RSTU est un carré**.

Orthogonalité et produit scalaire 12

☐ OK

I Droites orthogonales

Soit $\mathscr{D}$ une droite de vecteur directeur $\vec{u} \neq \vec{0}$, et Δ une droite de vecteur directeur $\vec{v} \neq \vec{0}$.

$\mathscr{D} \perp \Delta \Leftrightarrow \vec{u}$ et $\vec{v}$ sont orthogonaux $\Leftrightarrow \vec{u} \cdot \vec{v} = 0$

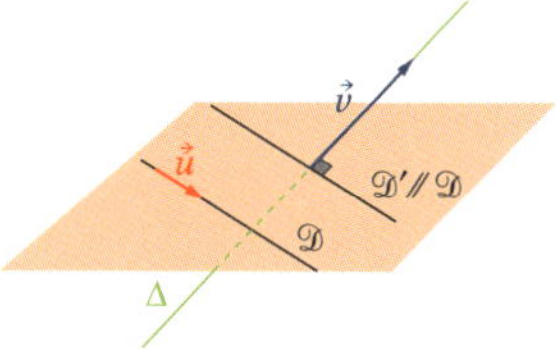

II Droites et plans perpendiculaires

- Un plan $\mathscr{P}$ de l'espace peut être défini par la donnée d'un point A et de deux vecteurs $\vec{v}$ et $\vec{w}$ non colinéaires et non nuls : ce plan est l'ensemble des points M de l'espace tels que $\overrightarrow{AM} = t_1\vec{v} + t_2\vec{w}$ avec $(t_1 ; t_2) \in \mathbb{R}^2$.

On dit que $\vec{v}$ et $\vec{w}$ sont des vecteurs directeurs du plan $\mathscr{P}$.

À noter

Le couple $(\vec{v} ; \vec{w})$ détermine la **direction** du plan $\mathscr{P}$.

- Soit $\mathscr{D}$ une droite de vecteur directeur $\vec{u} \neq \vec{0}$, et $\mathscr{P}$ un plan de vecteurs directeurs non colinéaires $\vec{v} \neq \vec{0}$ et $\vec{w} \neq \vec{0}$.

$\mathscr{D} \perp \mathscr{P} \Leftrightarrow \vec{u} \cdot \vec{v} = 0$ et $\vec{u} \cdot \vec{w} = 0$

À noter

Le vecteur $\vec{u}$ est alors un vecteur normal au plan $\mathscr{P}$.

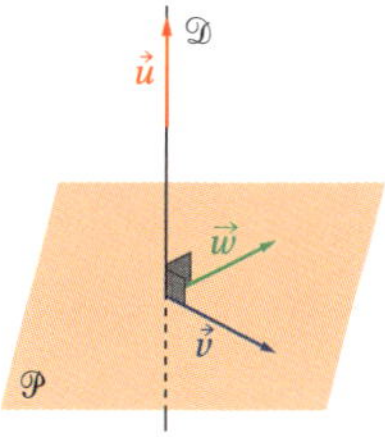

III Plans perpendiculaires

Soit $\mathscr{P}$ un plan de vecteur normal $\vec{n} \neq \vec{0}$ et $\mathscr{P}'$ un plan de vecteur normal $\vec{n}' \neq \vec{0}$.

$\mathscr{P} \perp \mathscr{P}' \Leftrightarrow \vec{n}$ et $\vec{n}'$ orthogonaux $\Leftrightarrow \vec{n} \cdot \vec{n}' = 0$

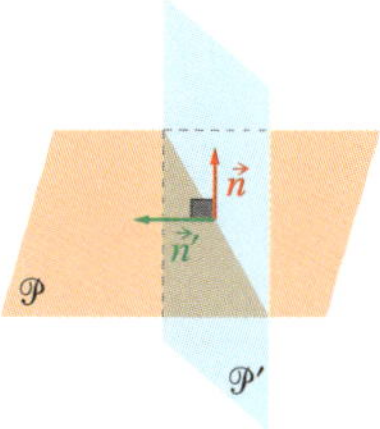

Méthode

Démontrer l'orthogonalité à l'aide du produit scalaire

Dans l'espace muni d'un repère orthonormé $\left(O;\vec{i},\vec{j},\vec{k}\right)$, soit le plan $\mathcal{P}$ passant par $B(1;-2;1)$ et de vecteur normal $\vec{n}(-2;1;5)$, et le plan $\mathcal{R}$ dont $x+2y-7=0$ est une équation cartésienne.

a. Démontrer que les plans $\mathcal{P}$ et $\mathcal{R}$ sont perpendiculaires.

b. Démontrer que l'intersection des plans $\mathcal{P}$ et $\mathcal{R}$ est la droite passant par le point $C(-1;4;-1)$ et de vecteur directeur $\vec{u}(2;-1;1)$.

Conseils

a. Commencez par déterminer un vecteur normal au plan $\mathcal{R}$. ▶ FICHE 15

b. Vérifiez que C appartient à $\mathcal{P}$ et à $\mathcal{R}$, puis que $\vec{u}$ est orthogonal à un vecteur normal au plan $\mathcal{P}$ et à un vecteur normal au plan $\mathcal{R}$.

SOLUTION

a. Le plan $\mathcal{R}$ a pour équation cartésienne $x+2y-7=0$, donc $\vec{n}'(1;2;0)$ est un vecteur normal à $\mathcal{R}$.
Or $\vec{n}\cdot\vec{n}'=-2\times1+1\times2+5\times0=0$, donc les plans $\mathcal{P}$ et $\mathcal{R}$ sont perpendiculaires.

b. Des plans sécants et non confondus se coupent selon une droite. Notons Δ la droite d'intersection de $\mathcal{P}$ et $\mathcal{R}$.

- $-1+2\times4-7=0$, donc les coordonnées de C vérifient une équation cartésienne du plan $\mathcal{R}$, ce qui prouve que C appartient à $\mathcal{R}$.
- $\vec{n}(-2;1;5)$ est un vecteur normal au plan $\mathcal{P}$, donc $\mathcal{P}$ admet une équation cartésienne de la forme : $-2x+y+5z+d=0$ avec $d\in\mathbb{R}$.
Le point $B(1;-2;1)$ appartient à $\mathcal{P}$ donc :
$-2\times1-2+5\times1+d=1+d=0$, soit $d=-1$. Finalement, une équation cartésienne de $\mathcal{P}$ est $-2x+y+5z-1=0$. Or, $-2\times(-1)+4+5\times(-1)-1=0$, donc C appartient à $\mathcal{P}$.
On en déduit que C appartient à $\Delta=\mathcal{P}\cap\mathcal{R}$.
- Le vecteur $\vec{u}(2;-1;1)$ est orthogonal à $\vec{n}$ et à $\vec{n}'$. En effet :
$\vec{n}\cdot\vec{u}=-2\times2+1\times(-1)+5\times1=0$ et
$\vec{n}'\cdot\vec{u}=1\times2+2\times(-1)+0\times1=0$.
Donc le vecteur $\vec{u}$ est un vecteur directeur de la droite Δ.
- **Conclusion :** L'intersection des plans $\mathcal{P}$ et $\mathcal{R}$ est la droite Δ passant par le point $C(-1;4;-1)$ et de vecteur directeur $\vec{u}(2;-1;1)$.

À noter

$\vec{n}(a;b;c)$ est un vecteur normal au plan $\mathcal{P}$ d'équation $ax+by+cz+d=0$.

Projeté orthogonal d'un point sur une droite ou un plan de l'espace

13

☐ OK

I Projeté orthogonal d'un point sur une droite de l'espace

Définition

Pour une droite Δ et un point $A \notin \Delta$, le **projeté orthogonal du point A sur la droite Δ** est le point $H \in \Delta$ tel que le vecteur $\overrightarrow{AH}$ est orthogonal à la droite Δ, c'est-à-dire que $\overrightarrow{AH}$ est un vecteur normal à la droite Δ.

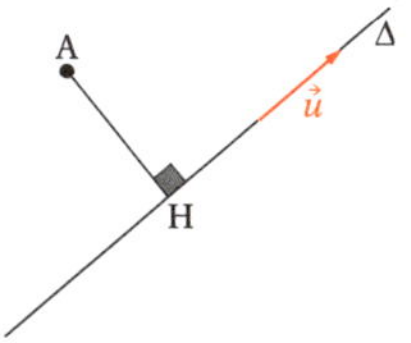

Propriété

Si la droite Δ admet pour vecteur directeur le vecteur $\vec{u}$, alors :

$\overrightarrow{AH} \cdot \vec{u} = 0$.

Distance d'un point à une droite

Si le projeté orthogonal du point A sur la droite Δ est le point H, alors la distance du point A à la droite Δ est : $d(A; \Delta) = AH$.

II Projeté orthogonal d'un point sur un plan de l'espace

Définition

Pour un plan $\mathcal{P}$ et un point $A \notin \mathcal{P}$, le **projeté orthogonal du point A sur le plan $\mathcal{P}$** est le point $H \in \mathcal{P}$ tel que le vecteur $\overrightarrow{AH}$ est orthogonal au plan $\mathcal{P}$, c'est-à-dire que $\overrightarrow{AH}$ est un vecteur normal au plan $\mathcal{P}$.

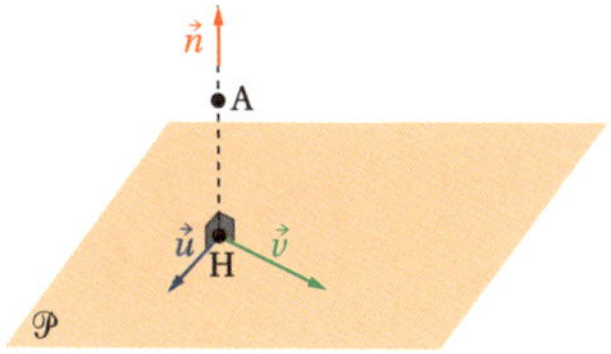

Propriétés

Si le plan $\mathcal{P}$ est défini par la donnée d'un point et de deux vecteurs $\vec{u}$ et $\vec{v}$ non colinéaires, ou bien du vecteur normal $\vec{n}$, alors : $\overrightarrow{AH} \cdot \vec{u} = \overrightarrow{AH} \cdot \vec{v} = 0$ et les vecteurs $\overrightarrow{AH}$ et $\vec{n}$ sont colinéaires.

Distance d'un point à un plan

Si le projeté orthogonal du point A sur le plan $\mathcal{P}$ est le point H, alors la distance du point A au plan $\mathcal{P}$ est : $d(A ; \mathcal{P}) = AH$.

Méthode

Déterminer le projeté orthogonal d'un point sur un plan

ABCDEFGH est le cube représenté ci-contre. L'espace est rapporté au repère orthonormal $\left(A\,;\overrightarrow{AB}, \overrightarrow{AD}, \overrightarrow{AE}\right)$.

Soit I le point défini par : $\overrightarrow{IB} + \overrightarrow{ID} + \overrightarrow{IE} = \vec{0}$.

I est appelé *centre de gravité* du triangle BDE.

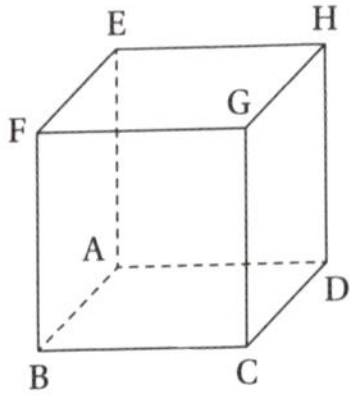

1. a. Démontrer que $\overrightarrow{AI} = \frac{1}{3}\overrightarrow{AG}$.

b. Calculer les coordonnées du point I.

2. Prouver que I est le projeté orthogonal du point A sur le plan (BDE).

Conseils

1. a. Utilisez la relation de Chasles en faisant apparaître le vecteur $\overrightarrow{IA}$.

b. Déduisez les coordonnées du point I de celles du point G. ▶ FICHE 15

2. Montrez que $\overrightarrow{AI}$ est un vecteur normal au plan (BDE).

SOLUTION

1. a. En décomposant, on a : $\overrightarrow{IA} + \overrightarrow{AB} + \overrightarrow{IA} + \overrightarrow{AD} + \overrightarrow{IA} + \overrightarrow{AE} = \vec{0}$, puis $3\overrightarrow{IA} + \overrightarrow{AB} + \overrightarrow{AD} + \overrightarrow{AE} = \vec{0}$, donc $3\overrightarrow{AI} = \overrightarrow{AB} + \overrightarrow{AD} + \overrightarrow{AE}$.

Or, $\overrightarrow{AD} = \overrightarrow{BC}$ et $\overrightarrow{AE} = \overrightarrow{CG}$ car les faces du cube sont des carrés, donc $3\overrightarrow{AI} = \overrightarrow{AB} + \overrightarrow{BC} + \overrightarrow{CG} = \overrightarrow{AG}$ et $\overrightarrow{AI} = \frac{1}{3}\overrightarrow{AG}$.

1. b. On a $\overrightarrow{AG} = \overrightarrow{AB} + \overrightarrow{AD} + \overrightarrow{AE}$, donc les coordonnées du point G dans le repère orthonormal $\left(A\,;\overrightarrow{AB}, \overrightarrow{AD}, \overrightarrow{AE}\right)$ sont G(1 ; 1 ; 1).

$\overrightarrow{AI} = \frac{1}{3}\overrightarrow{AG}$, donc les coordonnées du point I sont $I\left(\frac{1}{3}\,;\frac{1}{3}\,;\frac{1}{3}\right)$.

2. $\overrightarrow{AI}\left(\frac{1}{3}\,;\frac{1}{3}\,;\frac{1}{3}\right)$ et $\overrightarrow{BD}(-1\,;1\,;0)$ car B(1 ; 0 ; 0) et D(0 ; 1 ; 0), donc :

$\overrightarrow{AI}\cdot\overrightarrow{BD} = \frac{1}{3}\times(-1) + \frac{1}{3}\times 1 + \frac{1}{3}\times 0 = 0$ et $\overrightarrow{AI} \perp \overrightarrow{BD}$.

$\overrightarrow{AI}\left(\frac{1}{3}\,;\frac{1}{3}\,;\frac{1}{3}\right)$ et $\overrightarrow{BE}(-1\,;0\,;1)$ car E(0 ; 0 ; 1) donc :

$\overrightarrow{AI}\cdot\overrightarrow{BE} = \frac{1}{3}\times(-1) + \frac{1}{3}\times 0 + \frac{1}{3}\times 1 = 0$ et $\overrightarrow{AI} \perp \overrightarrow{BE}$.

Le vecteur $\overrightarrow{AI}$ est donc un vecteur normal au plan (BDE) puisqu'il est orthogonal à deux vecteurs non colinéaires de ce plan. Or $I \in$ (BDE), **I est donc le projeté orthogonal du point A sur le plan (BDE).**

Quiz EXPRESS 14

Avez-vous bien révisé les fiches 11 à 13 ? On vérifie !

Orthogonalité et distances dans l'espace

On munit l'espace d'un repère orthonormé $\left(O ; \vec{i}, \vec{j}, \vec{k}\right)$.

1 Produit scalaire de deux vecteurs de l'espace

FICHE 11

On considère les points A(2 ; 4 ; 1), B(1 ; 4 ; –3) et C(3 ; 1 ; –3).

1. $\overrightarrow{AB} \cdot \overrightarrow{AC} = \ldots$

☐ **a.** 15 ☐ **b.** –2 ☐ **c.** 7

2. $AC = \left\|\overrightarrow{AC}\right\| = \ldots$

☐ **a.** 26 ☐ **b.** $\sqrt{8}$ ☐ **c.** $\sqrt{26}$

2 Orthogonalité et produit scalaire

FICHE 12

Les droites $\mathscr{D}$ et Δ admettent respectivement $\vec{u}(2 ; -1 ; 3)$ et $\vec{u}'(2 ; -5 ; -3)$ pour vecteurs directeurs et les plans $\mathscr{P}$ et Q admettent respectivement pour vecteurs normaux $\vec{n}(-2 ; 1 ; -3)$ et $\vec{n}'(2 ; -1 ; 3)$. Quelles sont les affirmations vraies ?

☐ **a.** Les droites $\mathscr{D}$ et Δ sont orthogonales.

☐ **b.** La droite $\mathscr{D}$ et le plan $\mathscr{P}$ sont perpendiculaires.

☐ **c.** Les plans $\mathscr{P}$ et Q sont perpendiculaires.

3 Projeté orthogonal d'un point sur une droite ou un plan de l'espace

FICHE 13

Soit $\mathscr{P}$ un plan de l'espace défini par la donnée d'un point et d'un vecteur normal $\vec{n}$. On donne un point $A \notin \mathscr{P}$ et H son projeté orthogonal sur le plan $\mathscr{P}$. Que peut-on dire des vecteurs $\overrightarrow{AH}$ et $\vec{n}$?

☐ **a.** $\overrightarrow{AH} = \vec{n}$ ☐ **b.** $\overrightarrow{AH}$ et $\vec{n}$ sont colinéaires.

☐ **c.** $\overrightarrow{AH}$ et $\vec{n}$ sont orthogonaux.

CORRIGÉS

1 Produit scalaire de deux vecteurs de l'espace

1. Réponse a.

Le vecteur $\overrightarrow{AB}$ a pour coordonnées $(1-2\,;4-4\,;-3-1)$, soit $\overrightarrow{AB}(-1\,;0\,;-4)$.

Le vecteur $\overrightarrow{AC}$ a pour coordonnées $(3-2\,;1-4\,;-3-1)$, soit $\overrightarrow{AC}(1\,;-3\,;-4)$.

$\overrightarrow{AB}\cdot\overrightarrow{AC}=(-1)\times 1+0\times(-3)+(-4)\times(-4)=-1+16=15.$

2. Réponse c. Le vecteur $\overrightarrow{AC}$ a pour coordonnées $\overrightarrow{AC}(1\,;-3\,;-4)$ donc : $AC=\left\|\overrightarrow{AC}\right\|=\sqrt{1^2+(-3)^2+(-4)^2}=\sqrt{1+9+16}=\sqrt{26}.$

2 Orthogonalité et produit scalaire

Réponses a et b.

• La réponse **a** est correcte. Les droites $\mathscr{D}$ et Δ admettent respectivement $\vec{u}(2\,;-1\,;3)$ et $\vec{u}'(2\,;-5\,;-3)$ pour vecteur directeur.
$\vec{u}\cdot\vec{u}'=2\times2+(-1)\times(-5)+3\times(-3)=4+5-9=0$, donc $\mathscr{D}\perp\Delta$.

• La réponse **b** est correcte. La droite $\mathscr{D}$ admet le vecteur $\vec{u}$ $(2\,;-1\,;3)$ pour vecteur directeur et le plan $\mathscr{P}$ admet pour vecteur normal le vecteur $\vec{n}(-2\,;1\,;-3)$.
Or $\vec{n}=-\vec{u}$, donc les vecteurs $\vec{n}$ et $\vec{u}$ sont colinéaires et par conséquent la droite $\mathscr{D}$ et le plan $\mathscr{P}$ sont perpendiculaires.

• L'affirmation **c** est fausse. Les plans $\mathscr{P}$ et Q admettent respectivement pour vecteur normal $\vec{n}(-2\,;1\,;-3)$ et $\vec{n}'(2\,;-1\,;3)$.
$\vec{n}\cdot\vec{n}'=(-2)\times2+1\times(-1)+(-3)\times3=-4-1-9=-14\neq0$, donc les vecteurs $\vec{n}$ et $\vec{n}'$ ne sont pas orthogonaux.
Les plans $\mathscr{P}$ et Q ne sont donc pas perpendiculaires.

3 Projeté orthogonal d'un point sur une droite ou un plan de l'espace

Réponse b.

D'après le cours, la droite (AH) est perpendiculaire au plan $\mathscr{P}$, donc les vecteurs $\overrightarrow{AH}$ et $\vec{n}$ sont colinéaires.

Équation cartésienne d'un plan de l'espace

15

☐ OK

I Équation cartésienne d'un plan

- **Théorème :** Tout plan dont un vecteur normal a pour coordonnées $(a\,;b\,;c)$ a une équation cartésienne de la forme :

$$ax + by + cz + d = 0$$

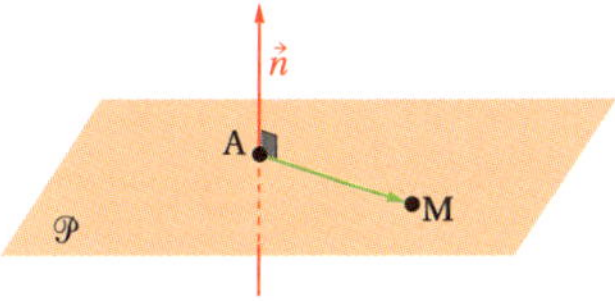

- Réciproquement : si a, b, c et d sont quatre nombres tels que $(a, b, c) \neq (0, 0, 0)$, toute équation de la forme $ax + by + cz + d = 0$ est celle d'un plan dont $\vec{n}(a\,;b\,;c)$ est un vecteur normal.

- Un plan a une **infinité d'équations** cartésiennes.
Si $ax + by + cz + d = 0$ est l'une d'elle, alors $k(ax + by + cz + d) = 0$ en est une autre pour tout réel $k \neq 0$.

- Deux plans d'équations respectives $ax + by + cz + d = 0$ et $a'x + b'y + c'z + d' = 0$ sont **perpendiculaires** si et seulement si leurs vecteurs normaux le sont, c'est-à-dire si et seulement si $aa' + bb' + cc' = 0$. ▶ FICHE 11

II Intersections de deux plans

- **Théorème :** Tout système de la forme

$$\begin{cases} ax + by + c + d = 0 \\ a'x + b'y + c'z + d' = 0 \end{cases}$$

où les deux équations sont celles de deux plans *distincts* $\mathcal{P}$ et $\mathcal{P}'$, admet une infinité de solutions si et seulement si $\mathcal{P}$ et $\mathcal{P}'$ ont des vecteurs normaux $\vec{n}$ et $\vec{n}'$ **non** colinéaires.

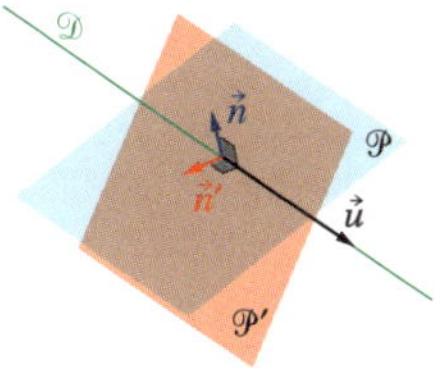

- Les **solutions** de ce système sont les coordonnées des points de la droite d'intersection $\mathcal{D}$ des deux plans. ▶ FICHE 11

À noter

Un vecteur directeur $\vec{u}$ de $\mathcal{D}$ est orthogonal à chaque vecteur normal de $\mathcal{P}$ et $\mathcal{P}'$.

Remarque : Le système a des solutions si et seulement si $\vec{n}$ et $\vec{n}'$ ne sont pas colinéaires, c'est-à-dire si les triplets (a, b, c) et (a', b', c') ne sont pas proportionnels. En effet, dans le cas contraire, $\mathcal{P}$ et $\mathcal{P}'$ sont parallèles.

Méthodes

1 Écrire une équation cartésienne d'un plan

On donne les points $A(-1;2;0)$, $B(2;3;-1)$ et $C(0;-4;2)$.

Écrire une équation cartésienne du plan $\mathcal{P}$ passant par A et orthogonal à la droite (BC).

Conseils

Calculez les coordonnées de $\overrightarrow{BC}$ normal au plan $\mathcal{P}$, puis traduisez analytiquement le fait qu'un point M appartient à $\mathcal{P}$ si et seulement si $\overrightarrow{AM} \cdot \overrightarrow{BC} = 0$.

SOLUTION

- Un vecteur normal au plan $\mathcal{P}$ est $\overrightarrow{BC}$. Celui-ci a pour coordonnées $(0-2;-4-3;2-(-1))$, soit $\overrightarrow{BC}(-2;-7;3)$.
- Un point M appartient à $\mathcal{P}$ si et seulement si $\overrightarrow{AM} \cdot \overrightarrow{BC} = 0$, donc si et seulement si $(x+1)\times(-2)+(y-2)\times(-7)+(z-0)\times 3 = 0 \Leftrightarrow$ $-2x-7y+3z+12=0$.

2 Étudier l'intersection de deux plans

On considère les plans $\mathcal{P}$ et Q d'équations cartésiennes respectives $-2x-7y+3z+12=0$ et $2x+7y-3z-11=0$.

Examiner la nature de l'intersection de $\mathcal{P}$ et Q.

Conseils

Étudier l'intersection de $\mathcal{P}$ et Q revient à résoudre un système.

SOLUTION

- $2x+7y-3z-11=0 \Leftrightarrow -2x-7y+3z+11=0$.

Un point $M(x;y;z)$ appartient à l'intersection des deux plans si et seulement si le système $\begin{cases}-2x-7y+3z=-12\\-2x-7y+3z=-11\end{cases}$ a des solutions.

- Ce n'est pas le cas car $-12 \neq -11$. L'intersection des deux plans est donc vide. C'est pourquoi ces plans sont parallèles. ▶ FICHE 8

Représentation paramétrique d'une droite de l'espace

16

☐ OK

I Définition d'une représentation paramétrique

- **Définition :** On considère une droite $\mathcal{D}$ passant par $A(x_A\,;y_A\,;z_A)$ et dont un vecteur directeur est $\vec{u}(\alpha\,;\beta\,;\gamma)$.

$M(x\,;y\,;z)\in\mathcal{D} \Leftrightarrow \overrightarrow{AM}$ et $\vec{u}$ sont colinéaires

$\Leftrightarrow$ Il existe $t\in\mathbb{R}$ tel que $\overrightarrow{AM}=t\vec{u}$

$$\Leftrightarrow \begin{cases} x-x_A=t\alpha \\ y-y_A=t\beta \\ z-z_A=t\gamma \end{cases} \text{avec } t\in\mathbb{R} \Leftrightarrow \begin{cases} x=x_A+t\alpha \\ y=y_A+t\beta \\ z=z_A+t\gamma \end{cases}$$

Ce système est une **représentation paramétrique** de la droite $\mathcal{D}$ caractérisée par la donnée du point A et du vecteur $\vec{u}$.

On écrit en abrégé $\mathcal{D}(A\,;\vec{u})$. On dit aussi que $(A\,;\vec{u})$ est un repère de $\mathcal{D}$.

- Lorsqu'aucune coordonnée de $\vec{u}$ n'est nulle, une représentation paramétrique de $\mathcal{D}$ est équivalente aux équations :

$$\frac{x-x_A}{\alpha}=\frac{y-y_A}{\beta}=\frac{z-z_A}{\gamma}.$$

> **À noter**
> On peut choisir pour $\mathcal{D}$ un autre repère.

II Droite définie par l'intersection de deux plans

- En résolvant le système formé par les équations cartésiennes de deux plans sécants, on obtient une représentation paramétrique de la **droite d'intersection**.

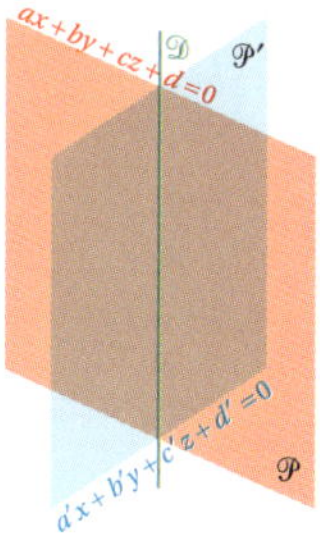

- En effet, le système $\begin{cases} ax+by+cz+d=0 \\ a'x+b'y+c'z+d'=0 \end{cases}$ caractérise la droite d'intersection.

Si on choisit l'une des trois inconnues comme paramètre, par exemple en posant $z=t$ si cela est possible, on obtient le système suivant :

$$\begin{cases} ax+by=-d-ct \\ a'x+b'y=-d'-c't. \\ z=t \end{cases}$$

En résolvant les deux premières équations, on exprime x et y en fonction de t et on obtient une représentation paramétrique de $\mathcal{D}$.

Méthodes

1 Écrire des équations paramétriques d'une droite

Déterminer deux représentations paramétriques différentes de la droite (AB) passant par les points $A(1;-2;1)$ et $B(-1;1;3)$.

Conseils

Donnez un vecteur directeur de la droite (AB), puis traduisez l'appartenance d'un point M à la droite (AB) en termes de colinéarité de vecteurs. On obtient une autre représentation de $\mathscr{D}$, en choisissant le point B au lieu du point A.

SOLUTION

• On représente $\mathscr{D}$ avec A et $\overrightarrow{AB}$. Un vecteur directeur de la droite (AB) est $\overrightarrow{AB}$. Ses coordonnées sont $(-2;3;2)$.

$M(x;y;z) \in \mathscr{D} \Leftrightarrow$ il existe $t \in \mathbb{R}$ tel que $\overrightarrow{AM} = t\overrightarrow{AB}$.

On obtient ainsi :

$$\begin{cases} x-1=-2t \\ y+2=3t \\ z-1=2t \end{cases} \text{avec } t \in \mathbb{R} \Leftrightarrow \begin{cases} x=1-2t \\ y=-2+3t \\ z=1+2t \end{cases} \text{avec } t \in \mathbb{R}.$$

• On représente maintenant $\mathscr{D}$ avec B et $\overrightarrow{AB}$.

$M(x;y;z) \in \mathscr{D} \Leftrightarrow$ il existe $t' \in \mathbb{R}$ tel que $\overrightarrow{BM} = t'\overrightarrow{AB}$.

On obtient ainsi :

$$\begin{cases} x+1=-2t' \\ y-1=3t' \\ z-3=2t' \end{cases} \text{avec } t' \in \mathbb{R} \Leftrightarrow \begin{cases} x=-1-2t' \\ y=1+3t' \\ z=3+2t' \end{cases} \text{avec } t' \in \mathbb{R}.$$

2 Déterminer si un point appartient à une droite

Le point $X(5;-8;-3)$ appartient-il à la droite (AB) de la **méthode 1** ci-dessus ?

Conseils

Choisissez d'abord une représentation paramétrique de la droite (AB).

SOLUTION

Choisissons la représentation $\mathscr{D}(A, \overrightarrow{AB})$. On cherche t de telle sorte que $\begin{cases} 5=1-2t \\ -8=-2+3t \\ -3=1+2t \end{cases}$. La valeur $t=-2$ convient, donc $X \in \mathscr{D}$.

Coordonnées de points d'intersection de droites et de plans

17

☐ OK

I Projeté orthogonal d'un point sur une droite

- Étant donné un point M et une droite $\mathcal{D}(A, \vec{u})$, où $\vec{u}$ a pour coordonnées $(a\,;b\,;c)$, on veut déterminer les coordonnées du **projeté orthogonal H** de M sur $\mathcal{D}$. On sait que H est l'intersection de $\mathcal{D}$ avec le plan $\mathcal{P}$ perpendiculaire à $\mathcal{D}$ passant par M.

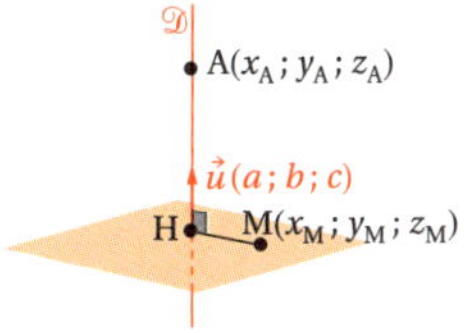

- Pour trouver les **coordonnées de H**, on procède par étapes.

Étape 1 Le vecteur $\overrightarrow{AH}$ est colinéaire à $\vec{u}$, donc il existe t tel que $\overrightarrow{AH} = t\vec{u}$.

On en déduit le système :

$$\begin{cases} x_H - x_A = ta \\ y_H - y_A = tb \\ z_H - z_A = tc \end{cases} \text{avec } t \in \mathbb{R} \Leftrightarrow \begin{cases} x_H = x_A + ta \\ y_H = y_A + tb \\ z_H = z_A + tc \end{cases} \text{avec } t \in \mathbb{R}.$$

Étape 2 Déterminer l'équation du plan $\mathcal{P}$, sachant que $M \in \mathcal{P}$ et que $\vec{u}$ est un vecteur normal à $\mathcal{P}$.

Étape 3 Traduire l'appartenance de $H(x_H\,;y_H\,;z_H)$ à $\mathcal{P}$ pour déterminer t, donc les coordonnées du point H.

II Projeté orthogonal d'un point sur un plan

Soit M un point et $\mathcal{P}$ un plan dont une équation est $ax + by + cz + d = 0$.

Pour déterminer les coordonnées du projeté orthogonal $H(x_H\,;y_H\,;z_H)$ de M sur $\mathcal{P}$:

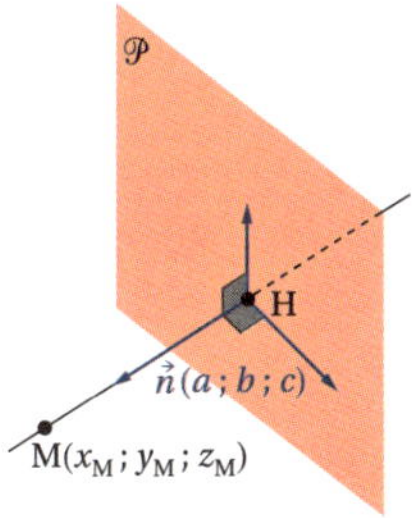

Étape 1 Le vecteur $\overrightarrow{MH}$ est colinéaire à $\vec{n}$.

Il existe donc $t \in \mathbb{R}$ tel que $\overrightarrow{MH} = t\vec{n}$, c'est-à-dire :

$$\begin{cases} x_H - x_M = ta \\ y_H - y_M = tb \\ z_H - z_M = tc \end{cases} \text{avec } t \in \mathbb{R} \Leftrightarrow \begin{cases} x_H = x_M + ta \\ y_H = y_M + tb \\ z_H = z_M + tc \end{cases} \text{avec } t \in \mathbb{R}$$

Étape 2 $H \in \mathcal{P}$, donc t est solution de l'équation

$a(x_M + ta) + b(y_M + tb) + c(z_M + tc) + d = 0.$

Étape 3 On trouve t, donc les coordonnées du point H.

Méthode

Trouver les coordonnées du point d'intersection d'un plan et d'une droite

Soit le plan $\mathscr{P}$ dont une équation cartésienne est $x + 2y + z - 1 = 0$ et la droite $\mathscr{D}$ dont une représentation paramétrique est :

$$\begin{cases} x = 2 + \lambda \\ y = 1 + \lambda \text{ avec } \lambda \in \mathbb{R}. \\ z = 5 + \lambda \end{cases}$$

a. Déterminer un vecteur directeur et un point de $\mathscr{D}$.

b. Déterminer les coordonnées du point d'intersection de $\mathscr{D}$ et $\mathscr{P}$.

Conseils

a. Identifiez un point A et un vecteur directeur $\vec{u}$ de $\mathscr{D}$ en utilisant le fait que M appartient à $\mathscr{D}$ si et seulement s'il existe un réel λ tel que $\overrightarrow{AM} = \lambda\vec{u}$.
b. Les coordonnées du point d'intersection de $\mathscr{D}$ et $\mathscr{P}$ vérifient à la fois l'équation de $\mathscr{P}$ et les équations paramétriques de $\mathscr{D}$.

SOLUTION

a. On peut écrire les équations paramétriques ainsi :

$$\begin{cases} x = 2 + \lambda \times 1 \\ y = 1 + \lambda \times 1 \text{ avec } \lambda \in \mathbb{R}. \\ z = 5 + \lambda \times 1 \end{cases}$$

C'est pourquoi un vecteur directeur de $\mathscr{D}$ a pour coordonnées $\vec{u}(1;1;1)$.
De plus, le point $A(2;1;5)$ appartient à $\mathscr{D}$.

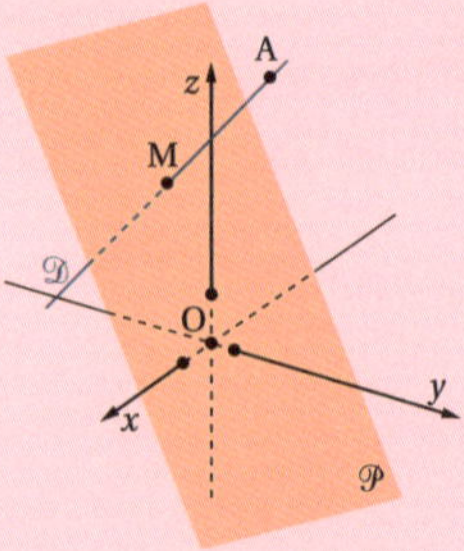

b. $M \in \mathscr{P} \cap \mathscr{D}$ si, et seulement si, ses coordonnées vérifient simultanément les équations paramétriques de $\mathscr{D}$ et l'équation cartésienne de $\mathscr{P}$, c'est-à-dire si il existe un réel λ tel que :
$(2 + \lambda) + 2(1 + \lambda) + (5 + \lambda) - 1 = 0$.
Ce qui équivaut à $4\lambda + 8 = 0$, soit à $\lambda = -2$.
En remplaçant λ par -2 dans les équations paramétriques de $\mathscr{D}$, on obtient :

$$\begin{cases} x = 0 \\ y = -1. \\ z = 3 \end{cases}$$

Ainsi $\mathscr{D}$ perce $\mathscr{P}$ en $M(0;-1;3)$.

Quiz EXPRESS 18

Avez-vous bien révisé les fiches 15 à 17 ? On vérifie !

Équations de droites et de plans

1 Équation cartésienne d'un plan de l'espace

▶ FICHE 15

Parmi les affirmations suivantes, lesquelles sont vraies ?

☐ **a.** Un vecteur normal au plan d'équation $x + y + z = 0$ a pour coordonnées $(1\,;1\,;1)$.

☐ **b.** L'ensemble des points de l'espace dont les coordonnées x, y, z vérifient le système $\begin{cases} x - y - z = 2 \\ 2x + y - z = 1 \end{cases}$ est une droite.

2 Représentations d'une droite de l'espace

▶ FICHE 16

Soit le cube unité ci-contre, où I est le milieu de [OB] et J celui de [CG]. Parmi les affirmations suivantes, lesquelles sont vraies ?

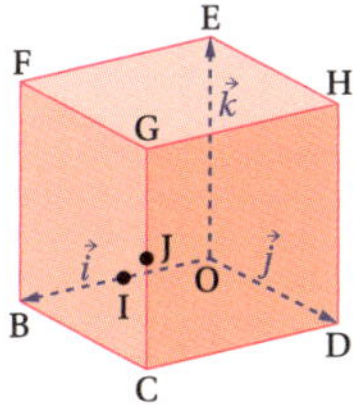

☐ **a.** Une représentation paramétrique de la droite (IJ) est $\begin{cases} x = 0{,}5t + 1 \\ y = t + 1 \\ z = 0{,}5t + 0{,}5 \end{cases}$ avec $t \in \mathbb{R}$.

☐ **b.** Une équation cartésienne de la droite (IJ) est $2x - y - 1 = 0$ car les coordonnées de I et J vérifient cette équation.

☐ **c.** Le système $\begin{cases} x = t + 1 \\ y = -2 \\ z = -4t + 3 \end{cases}$ $(t \in \mathbb{R})$ est une représentation paramétrique d'une droite $\mathscr{D}$ de l'espace.

3 Intersection de droites et plans de l'espace

▶ FICHE 17

La droite $\mathscr{D}$ dont une représentation paramétrique est $\begin{cases} x = 2t \\ y = 1 + t \\ z = 2 - t \end{cases}$ $(t \in \mathbb{R})$ perce le plan $\mathscr{P}$ d'équation $x - y + z - 3 = 0$.

☐ **a.** Vrai ☐ **b.** Faux

CORRIGÉS

1 Équation cartésienne d'un plan de l'espace

Réponses a et b.

- L'affirmation **a** est vraie. $x+y+z=0 \Leftrightarrow 1x+1y+1z=0$.
- L'affirmation **b** est vraie. En effet les deux équations représentent deux plans dont des vecteurs normaux ont pour coordonnées respectives $\left(1\,;-1\,;-1\right)$ et $\left(2\,;1\,;-1\right)$. Ces deux vecteurs n'étant pas colinéaires car leurs coordonnées ne sont pas proportionnelles, les deux plans sont sécants selon une droite caractérisée par le système.

2 Représentations d'une droite de l'espace

Réponses a et c.

- L'affirmation **a** est vraie. Les points I et J ont pour coordonnées respectives $\left(\frac{1}{2}\,;0\,;0\right)$ et $\left(1\,;1\,;\frac{1}{2}\right)$, donc $\overrightarrow{IJ}$ a pour coordonnées $\left(\frac{1}{2}\,;1\,;\frac{1}{2}\right)$. On a représenté la droite $\left(IJ\right)$ avec le repère $\left(J\,;\overrightarrow{IJ}\right)$.
- L'affirmation **b** est fausse. Il s'agit de l'équation cartésienne d'un plan passant par I et J.
- L'affirmation **c** est vraie. En effet, pour t réel :

$$\begin{cases} x=t+1 \\ y=-2 \\ z=-4t+3 \end{cases} \Leftrightarrow \begin{cases} x=1\times t+1 \\ y=0\times t-2 \\ z=-4\times t+3 \end{cases}.$$

Un vecteur directeur de $\mathscr{D}$ a pour coordonnées $\left(1\,;0\,;-4\right)$ et elle passe par A(1 ; –2 ; 3).

3 Intersection de droites et plans de l'espace

Réponse b.

L'affirmation est fausse. En effet, un vecteur directeur $\vec{u}$ de $\mathscr{D}$ a pour coordonnées $\left(2\,;1\,;-1\right)$ et un vecteur normal $\vec{n}$ à $\mathscr{P}$ a pour coordonnées $\left(1\,;-1\,;1\right)$.

Comme $\vec{u}\cdot\vec{n}=2\times1+1\times\left(-1\right)+\left(-1\right)\times1=0$, ces deux vecteurs sont orthogonaux, donc $\mathscr{D}$ et $\mathscr{P}$ sont parallèles.

Définitions, comparaison et encadrement

19

☐ OK

I Suites de limites finie et infinie

1 Limite infinie

Soient A et B des réels.

- On dit qu'une suite u admet pour limite $+\infty$ si tout intervalle de la forme $[A;+\infty[$ contient tous ses termes à partir d'un certain rang.

On note $\lim\limits_{n\to+\infty} u_n = +\infty$ et on dit que la suite **diverge vers $+\infty$**.

- On dit qu'une suite u admet pour limite $-\infty$ si tout intervalle de la forme $]-\infty;B]$ contient tous les termes de la suite à partir d'un certain rang.

On note $\lim\limits_{n\to+\infty} u_n = -\infty$ et on dit que la suite **diverge vers $-\infty$**.

À noter

La suite de terme général u_n admet pour limite $-\infty$ si et seulement si la suite de terme général $-u_n$ admet pour limite $+\infty$.

2 Limite finie

Soit ℓ un réel. On dit qu'une suite u admet pour limite ℓ si tout intervalle ouvert contenant ℓ contient tous les termes de la suite à partir d'un certain rang.

On note $\lim\limits_{n\to+\infty} u_n = \ell$ et on dit que la suite **converge** vers ℓ.

II Comparaison et encadrement

- **Théorème de comparaison**

Soit N un entier naturel et soient (u_n) et (r_n) des suites réelles.

Si pour tout entier $n \geqslant N, u_n \geqslant r_n$ et $\lim\limits_{n\to+\infty} r_n = +\infty$, alors $\lim\limits_{n\to+\infty} u_n = +\infty$.

Si pour tout entier $n \geqslant N, u_n \leqslant r_n$ et $\lim\limits_{n\to+\infty} r_n = -\infty$, alors $\lim\limits_{n\to+\infty} u_n = -\infty$.

- **Théorème d'encadrement (dit « théorème des gendarmes »)**

Soient ℓ un réel, N un entier naturel, et (u_n), (r_n) et (s_n) des suites réelles.

Si pour tout entier $n \geqslant N, s_n \leqslant u_n \leqslant r_n$ et si $\lim\limits_{n\to+\infty} s_n = \ell$ et $\lim\limits_{n\to+\infty} r_n = \ell$, alors $\lim\limits_{n\to+\infty} u_n = \ell$.

Méthodes

1 Déterminer la limite d'une suite par comparaison

Déterminer la limite de la suite de terme général $u_n = n + (-1)^n$.

Conseils

Pensez à encadrer $(-1)^n$ pour déterminer la limite de (u_n).

SOLUTION

Pour tout entier naturel n, $-1 \leqslant (-1)^n \leqslant 1$. Donc $n - 1 \leqslant u_n$.
Or $\lim\limits_{n \to +\infty} (n-1) = +\infty$ donc $\lim\limits_{n \to +\infty} u_n = +\infty$.

2 Déterminer la limite d'une suite par encadrement

Déterminer la limite des suites de termes généraux u_n et s_n, avec $u_n = \dfrac{(-1)^n - n}{n}$ et $s_n = \dfrac{1}{n^2} + \dfrac{1}{n^2+1} + \ldots + \dfrac{1}{n^2+n}$.

Conseils

Encadrez le numérateur de u_n. Pour s_n, remarquez que chacun des $n+1$ termes de la somme est compris entre $\dfrac{1}{n^2+n}$ et $\dfrac{1}{n^2}$.

SOLUTION

- Pour tout entier naturel n, on a $-1 \leqslant (-1)^n \leqslant 1$.

Donc $-1 - n \leqslant (-1)^n - n \leqslant 1 - n$, puis $\dfrac{-1-n}{n} \leqslant u_n \leqslant \dfrac{1-n}{n}$.

On a $\dfrac{-1-n}{n} = -\dfrac{1}{n} - 1$ et $\dfrac{1-n}{n} = \dfrac{1}{n} - 1$.

Or $\lim\limits_{n \to +\infty} \dfrac{-1-n}{n} = -1$ et $\lim\limits_{n \to +\infty} \dfrac{1-n}{n} = -1$. Donc $\lim\limits_{n \to +\infty} u_n = -1$.

- Pour tout entier naturel n non nul,

$$\frac{1}{n^2+n} + \frac{1}{n^2+n} + \ldots + \frac{1}{n^2+n} \leqslant \frac{1}{n^2} + \frac{1}{n^2+1} + \ldots + \frac{1}{n^2+n}$$
$$\leqslant \frac{1}{n^2} + \frac{1}{n^2} + \ldots + \frac{1}{n^2},$$

donc $\dfrac{n+1}{n^2+n} \leqslant s_n \leqslant \dfrac{n+1}{n^2}$ d'où $\dfrac{1}{n+1} \leqslant s_n \leqslant \dfrac{1}{n} + \dfrac{1}{n^2}$.

Or $\lim\limits_{n \to +\infty} \dfrac{1}{n+1} = 0$ et $\lim\limits_{n \to +\infty} \left(\dfrac{1}{n} + \dfrac{1}{n^2}\right) = 0$. Donc $\lim\limits_{n \to +\infty} s_n = 0$.

Limites : opérations et suites monotones

20

☐ OK

I Limites et opérations

- Dans les tableaux ci-dessous, ℓ et ℓ' sont des réels, et « F. I. » désigne une **forme indéterminée**, c'est-à-dire les cas où l'on ne peut pas déterminer d'emblée la limite de la suite.

Limite de u	ℓ	ℓ	ℓ	$+\infty$	$-\infty$	$+\infty$
Limite de v	ℓ'	$+\infty$	$-\infty$	$+\infty$	$-\infty$	$-\infty$
Limite de $u+v$	$\ell+\ell'$	$+\infty$	$-\infty$	$+\infty$	$-\infty$	F. I.

Limite de u	ℓ	$\ell>0$	$\ell<0$	0	0	$+\infty$	$-\infty$
Limite de v	ℓ'	$+\infty$	$+\infty$	$+\infty$	0	$+\infty$	$+\infty$
Limite de uv	$\ell\times\ell'$	$+\infty$	$-\infty$	F. I.	0	$+\infty$	$-\infty$
Limite de $\frac{1}{u}$	Si $\ell\neq 0$: $1/\ell$	$1/\ell$	$1/\ell$	Si $u>0$: $+\infty$	Si $u<0$: $-\infty$	0	0
Limite de $\frac{u}{v}$	Si $\ell'\neq 0$: ℓ/ℓ'	0	0	0	F. I.	F. I.	F. I.

- Sans plus de renseignement sur les suites, on ne peut pas déterminer la limite :
- de la **différence** de deux suites de même limite infinie (« $\infty-\infty$ ») ;
- du **quotient** de deux suites de limites infinies (« ∞/∞ ») ;
- du **quotient** de deux suites de limites nulles (« $0/0$ ») ;
- du **produit** de deux suites de limites *nulle* et *infinie* (« $0\times\infty$ »).

Pour lever l'indétermination, dans les deux premiers cas, on peut factoriser chaque terme du quotient ou de la différence par des termes prépondérants.

II Suites monotones

- **Théorèmes :** Toute suite croissante non majorée diverge vers $+\infty$.

Toute suite décroissante non minorée diverge vers $-\infty$.

- **Théorèmes :** Soient M et m des réels. Toute suite croissante majorée par M converge vers un réel ℓ tel que $\ell\leqslant M$. Toute suite décroissante minorée par m converge vers un réel ℓ tel que $\ell\geqslant m$.

Méthodes

1 Déterminer des limites de somme, produit, inverse, quotient

Déterminer la limite de la suite de terme général $\frac{1}{(1-n)(n^2-7)}$.

Conseils

Décomposez la suite en somme, produit, inverse ou quotient de suites dont les limites sont connues.

SOLUTION

On a $\lim_{n\to+\infty} n = +\infty$ donc $\lim_{n\to+\infty} n^2 = +\infty$ et $\lim_{n\to+\infty} (n^2-7) = +\infty$; $\lim_{n\to+\infty} (1-n) = -\infty$, ainsi $\lim_{n\to+\infty} (1-n)(n^2-7) = -\infty$ (limite d'un produit).

Par limite de l'inverse, on a $\lim_{n\to+\infty} \frac{1}{(1-n)(n^2-7)} = 0$.

2 Déterminer les limites de suites monotones

Soit la suite v définie par $v_0 = 5$ et $v_{n+1} = \sqrt{v_n + 12}$ pour tout $n \in \mathbb{N}$.

a. Montrer que, pour tout $n \in \mathbb{N}$, $v_n \geqslant 4$.

b. On admet que la suite v est décroissante. En déduire que la suite v converge.

Conseils

On suivra un raisonnement par récurrence, qui se fait en trois étapes.
Étape 1 **Initialisation :** elle consiste à montrer que la propriété à démontrer ($v_n \geqslant 4$) est vraie au rang 0.
Étape 2 **Hérédité :** on suppose la propriété vraie à un rang quelconque n ($v_n \geqslant 4$), puis on en déduit qu'elle est vraie au rang suivant ($v_{n+1} \geqslant 4$).
Étape 3 **Conclusion**

SOLUTION

a. Étape 1 On a $v_0 \geqslant 4$.
Étape 2 Si $n \in \mathbb{N}$ tel que $v_n \geqslant 4$, alors $v_n + 12 \geqslant 16$. Ainsi $v_{n+1} \geqslant 4$.
Étape 3 Le principe de récurrence permet de conclure que, pour tout $n \in \mathbb{N}$, $v_n \geqslant 4$.

b. La suite v est décroissante et minorée par 4. Donc elle converge vers un réel ℓ tel que $\ell \geqslant 4$.

Suites géométriques et fonction exponentielle

21

☐ OK

I Limites des suites géométriques

Définitions :

- Une suite divergente est une suite qui admet une limite infinie ou qui n'admet pas de limite.
- Une suite convergente est une suite qui admet une limite finie.

Théorème : Soient q un réel différent de 1 et u la suite de terme général q^n.

- Si $q > 1$, alors $\lim\limits_{n \to +\infty} q^n = +\infty$ (u diverge vers $+\infty$) ;
- si $-1 < q < 1$, alors $\lim\limits_{n \to +\infty} q^n = 0$ (u converge vers 0) ;
- si $q \leqslant -1$, alors la suite de terme général q^n n'admet pas de limite (u diverge).

À noter

- **Si $q = 1$**, alors la suite de terme général q^n est constante de limite 1.
- **Si $q = -1$**, alors la suite de terme général q^n est bornée et vaut alternativement -1 et 1.
- **Si $q < -1$**, alors la suite de terme général q^n n'est pas bornée est prend alternativement des valeurs positives et négatives de valeurs absolues de plus en plus grandes.

II Limite de la fonction exponentielle

Limite en $+\infty$

On a : $\lim\limits_{x \to +\infty} e^x = +\infty$

On rappelle que $e \approx 2{,}718$ donc $e > 1$. Ainsi la suite géométrique (e^n), $n \in \mathbb{N}$, a pour limite $+\infty$: $\lim\limits_{n \to +\infty} e^n = +\infty$.

Limite en $-\infty$

On a : $\lim\limits_{x \to -\infty} e^x = 0$

On a, pour tout $n \in \mathbb{N}$, $e^{-n} = \left(\frac{1}{e}\right)^n$. Puisque $-1 < \frac{1}{e} < 1$, alors la suite géométrique (e^{-n}) a pour limite 0. En effet, $\lim\limits_{n \to +\infty} \left(\frac{1}{e}\right)^n = 0$, soit $\lim\limits_{n \to +\infty} e^{-n} = 0$.

Méthodes

1 Étudier la limite de suites géométriques

a. Étudier la limite des suites de termes généraux :
$u_n = \left(\sqrt{5} - 5\right)^n$; $v_n = \left(\dfrac{\pi}{4}\right)^n$ et $w_n = -3^n$.

b. Étudier la limite de la suite de terme général $x_n = \dfrac{1 - 3^n}{2^n}$.

Conseils

a. Comparez la raison de chaque suite géométrique aux réels –1 et 1.

SOLUTION

a. • L'arrondi au dixième de $\sqrt{5} - 5$ est –2,8, donc $\sqrt{5} - 5 < -1$. **La suite *u* diverge sans admettre de limite.**

• On a $0 < \dfrac{\pi}{4} < 1$, donc $\lim\limits_{n \to +\infty} v_n = 0$.

• On a $3 > 1$, donc $\lim\limits_{n \to +\infty} 3^n = +\infty$ d'où $\lim\limits_{n \to +\infty} w_n = -\infty$.

b. Pour tout $n \in \mathbb{N}$, $x_n = \left(\dfrac{1}{2}\right)^n - \left(\dfrac{3}{2}\right)^n$.

Or $0 < \dfrac{1}{2} < 1$, donc $\lim\limits_{n \to +\infty} \left(\dfrac{1}{2}\right)^n = 0$ et $\dfrac{3}{2} > 1$ donc $\lim\limits_{n \to +\infty} \left(\dfrac{3}{2}\right)^n = +\infty$.

Par différence, on obtient $\lim\limits_{n \to +\infty} x_n = -\infty$.

2 Utiliser les limites de la fonction exponentielle

Déterminer la limite en $+\infty$ et en $-\infty$ des fonctions définies sur $\mathbb{R}$ par $f(x) = \mathrm{e}^x + \mathrm{e}^{-x}$ et $g(x) = x + \mathrm{e}^{2x}$.

Conseils

Utilisez les théorèmes d'opérations sur les limites ▶ FICHE 27.

SOLUTION

On étudie dans chaque cas la limite d'une somme.

• On a $\lim\limits_{x \to +\infty} \mathrm{e}^x = +\infty$ et $\lim\limits_{x \to +\infty} \mathrm{e}^{-x} = 0$. D'où $\lim\limits_{x \to +\infty} f(x) = +\infty$.

On a $\lim\limits_{x \to -\infty} \mathrm{e}^x = 0$ et $\lim\limits_{x \to -\infty} \mathrm{e}^{-x} = +\infty$. D'où $\lim\limits_{x \to -\infty} f(x) = +\infty$.

• On a $\lim\limits_{x \to +\infty} \mathrm{e}^x = +\infty$ donc $\lim\limits_{x \to +\infty} \mathrm{e}^{2x} = +\infty$. D'où $\lim\limits_{x \to +\infty} g(x) = +\infty$.

On a $\lim\limits_{x \to -\infty} \mathrm{e}^x = 0$ donc $\lim\limits_{x \to -\infty} \mathrm{e}^{2x} = 0$. D'où $\lim\limits_{x \to -\infty} g(x) = -\infty$.

Quiz EXPRESS 22

Avez-vous bien révisé les fiches 19 à 21 ? On vérifie !

Suites numériques

1 Comparaison et encadrement

▶ FICHE 19

La suite de terme général $\frac{(-1)^n}{n}$:

☐ **a.** n'admet pas de limite ☐ **b.** diverge vers $+\infty$

☐ **c.** converge vers 0

2 Limites de suites et opérations

▶ FICHES 20 ET 21

1. La suite de terme général $u_n = n + n^2 - 300\,000$:

☐ **a.** diverge vers $-\infty$ ☐ **b.** diverge vers $+\infty$ ☐ **c.** converge

2. La suite de terme général $u_n = n - n^2$:

☐ **a.** diverge vers $-\infty$ ☐ **b.** diverge vers $+\infty$

☐ **c.** n'a pas de limite

3. Si u est une suite strictement positive de limite nulle, alors :

☐ **a.** $\lim\limits_{n \to +\infty} \frac{1}{u_n} = 0$ ☐ **b.** $\lim\limits_{n \to +\infty} \frac{1}{u_n} = +\infty$ ☐ **c.** $\lim\limits_{n \to +\infty} \frac{1}{u_n} = 1$

3 Avec des suites géométriques

▶ FICHES 20 ET 21

1. La suite de terme général $u_n = 1 - \sqrt{2}^n$ admet pour limite :

☐ **a.** 1 ☐ **b.** $-\infty$ ☐ **c.** $+\infty$

2. La suite de terme général $u_n = (1 - \sqrt{2})^n$:

☐ **a.** n'admet pas de limite ☐ **b.** diverge vers $-\infty$

☐ **c.** converge vers 0

4 Avec la fonction exponentielle

▶ FICHES 20 ET 21

La suite de terme général $u_n = n + e^{-n}$:

☐ **a.** diverge vers $+\infty$ ☐ **b.** n'a pas de limite

☐ **c.** converge vers 0

CORRIGÉS

1 Comparaison et encadrement

Réponse c. Pour tout $n \in \mathbb{N}^*$, $-1 \leqslant (-1)^n \leqslant 1$ donc $-\frac{1}{n} \leqslant \frac{(-1)^n}{n} \leqslant \frac{1}{n}$. Or $\lim\limits_{n \to +\infty} \frac{1}{n} = 0$. D'après le théorème des gendarmes, on a $\lim\limits_{n \to +\infty} \frac{(-1)^n}{n} = 0$.

2 Limites de suites et opérations

À noter

On aurait pu factoriser par n^2.

1. **Réponse b.** On a $\lim\limits_{n \to +\infty} n = +\infty$ donc $\lim\limits_{n \to +\infty} n^2 = +\infty$ et $\lim\limits_{n \to +\infty} u_n = +\infty$.

2. **Réponse a.** Pour tout $n \in \mathbb{N}$, $u_n = n(1-n)$; $\lim\limits_{n \to +\infty} (1-n) = -\infty$ donc $\lim\limits_{n \to +\infty} u_n = -\infty$.

3. **Réponse b.** $\lim\limits_{n \to +\infty} u_n = 0$ et $u_n > 0$, alors d'après la limite de l'inverse d'une suite, on a $\lim\limits_{n \to +\infty} \frac{1}{u_n} = +\infty$.

3 Avec des suites géométriques

1. **Réponse b.** On a $\sqrt{2} > 1$, donc $\lim\limits_{n \to +\infty} \sqrt{2}^n = +\infty$. Par conséquent $\lim\limits_{n \to +\infty} u_n = -\infty$.

2. **Réponse c.** On a $-0{,}42 < 1 - \sqrt{2} < -0{,}41$, donc $1 - \sqrt{2} \in \left]-1\,;1\right[$ et $\lim\limits_{n \to +\infty} u_n = 0$.

4 Avec la fonction exponentielle

Réponse a. On a $\lim\limits_{n \to +\infty} e^{-n} = 0$. Ainsi $\lim\limits_{n \to +\infty} n + e^{-n} = +\infty$.

Dérivée de la composée de deux fonctions

23

☐ OK

I Composée de deux fonctions

Définition : Soient u et v deux fonctions définies respectivement sur les intervalles I et J telles que, pour tout x de I, $u(x) \in J$. On appelle **composée de u suivie de v** la fonction notée $v \circ u$ et définie par : pour tout x de I, $v \circ u(x) = v(u(x))$.

$v \circ u$ se lit « v rond u ».

À noter

Dans la notation $v \circ u$, il est important de noter que c'est la fonction u qui opère en premier, ce qui justifie l'appellation « u suivie de v ».

Cette définition peut être mémorisée à l'aide du schéma suivant :

$$x \xrightarrow{u} u(x) \xrightarrow{v} v(u(x)) \qquad (x \xrightarrow{v \circ u} v(u(x)))$$

Exemple : Soient u et v les fonctions définies sur $\mathbb{R}$ par $u(x) = x^2 + 1$ et $v(x) = 2x - 4$. La fonction $v \circ u$ est définie sur $\mathbb{R}$ par $(v \circ u)(x) = v\left(x^2 + 1\right) = 2\left(x^2 + 1\right) - 4$, soit $(v \circ u)(x) = 2x^2 - 2$.

II Dérivée d'une composée de deux fonctions

Théorème : Soient u et v deux fonctions définies respectivement sur les intervalles I et J telles que, pour tout x de I, $u(x)$ est dans J.

Soient x_0 un élément de I et $y_0 = u(x_0)$ un élément de J.

Si la fonction u est dérivable en x_0 et si v est dérivable en $y_0 = u(x_0)$, alors la fonction $v \circ u$ est dérivable en x_0 et :

$$(v \circ u)'(x_0) = v'(u(x_0)) \times u'(x_0).$$

Exemple : Soit f la fonction définie sur $\mathbb{R}$ par $f(x) = (2x + 1)^5$.

f est la composée de u suivie de v avec $u(x) = 2x + 1$ et $v(x) = x^5$.

On a donc $f = v \circ u$.

u et v sont dérivables sur $\mathbb{R}$ et, pour tout x réel, $v'(x) = 5x^4$ et $u'(x) = 2$.

f est donc dérivable sur $\mathbb{R}$ et on a :

$$\begin{aligned} f'(x) &= (v \circ u)'(x) \\ &= v'(u(x)) \times u'(x) \\ &= 5(2x + 1)^4 \times 2 = 10(2x + 1)^4. \end{aligned}$$

Méthodes

1 Déterminer une composée de fonctions

Soient u et v les fonctions définies par $v : x \mapsto \sqrt{x}$ et $u : x \mapsto x^2 - 4$.
Comparer les fonctions $v \circ u$ et $u \circ v$.

Conseils

Commencez par déterminer l'ensemble de définition de la composée, c'est-à-dire les valeurs de x pour lesquelles cette composée est définie. Déterminez ensuite l'expression de cette composée.

SOLUTION

• La fonction $v \circ u$ est définie si, pour tout x de l'ensemble de définition de u, $u(x)$ est bien dans l'ensemble de définition de v. Ici, $u(x)$ est définie sur $\mathbb{R}$ car c'est un polynôme du second degré et $v(x)$ est définie sur $]0\,;+\infty[$. Donc $(v \circ u)(x)$ est définie si et seulement si $u(x)$ appartient à $]0\,;+\infty[$. On résout alors l'inéquation $u(x) > 0$.
$u(x) > 0 \Leftrightarrow x^2 - 4 > 0$ soit $x \in D =]-\infty\,;-2] \cup [2\,;+\infty[$.
Pour tout x de D, on a $v \circ u\ (x) = v(u(x)) = \sqrt{u(x)} = \sqrt{x^2 - 4}$.

• $u \circ v(x)$ est définie si x appartient à $\mathbb{R}^+$ et si $v(x)$ appartient à l'ensemble de définition de u, soit $\mathbb{R}$. Ainsi $u \circ v$ est définie sur $\mathbb{R}^+$. On a alors : $u \circ v(x) = u(v(x)) = (v(x))^2 - 4 = \left(\sqrt{x}\right)^2 - 4 = x - 4$.

• On s'aperçoit que $v \circ u \neq u \circ v$. La composition de fonctions n'est pas commutative.

2 Déterminer la dérivée d'une composée

Déterminer la dérivée de la fonction f définie par $f : x \mapsto \sqrt{x^2 - 3x + 5}$.

Conseils

Écrivez f sous la forme $f = v \circ u$. Cherchez ensuite l'ensemble D_f sur lequel f est dérivable et appliquez la formule donnant la dérivée de $v \circ u$.

SOLUTION

$f(x)$ est définie si et seulement si $x^2 - 3x + 5 > 0$. Le discriminant Δ de $x^2 - 3x + 5$ est $\Delta = -11$. $\Delta < 0$ donc $x^2 - 3x + 5 > 0$, f est donc dérivable sur $\mathbb{R}$. On a $f = v \circ u$ avec $u(x) = x^2 - 3x + 5$ et $v(x) = \sqrt{x}$.
Pour tout x réel, $f'(x) = v'(u(x)) \times u'(x)$. Ici, $u'(x) = 2x - 3$ et
$v'(x) = \dfrac{1}{2\sqrt{x}}$: $f'(x) = \dfrac{1}{2\sqrt{u(x)}} \times u'(x) = \dfrac{1}{2\sqrt{x^2 - 3x + 5}} \times (2x - 3)$.

Fonctions convexes

24

☐ OK

I Convexité d'une fonction

Définition : Une fonction f définie sur un intervalle I est dite convexe si la courbe $\mathscr{C}_f$ représentant f est située au-dessous de chacune de ses cordes.

À noter

On appelle **corde** de la courbe $\mathscr{C}_f$ tout segment [AB] où A et B sont deux points de $\mathscr{C}_f$.

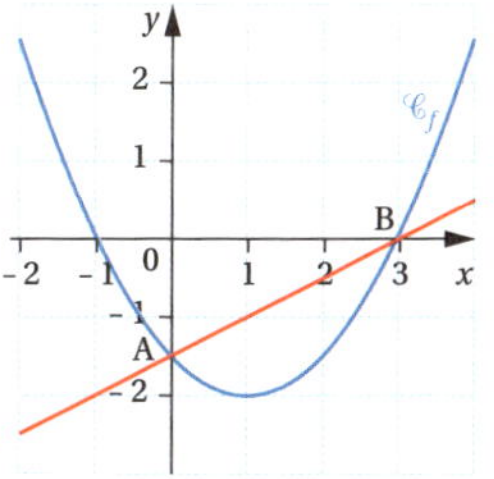

Remarque : Une fonction f est dite concave sur un intervalle I si $-f$ est convexe sur I. Attention, si f n'est pas convexe sur I alors f n'est pas forcément concave sur I.

Définitions équivalentes : Soit f une fonction dérivable sur un intervalle ouvert I et soit $\mathscr{C}$ sa courbe représentative.

- f est convexe sur I si et seulement si $\mathscr{C}$ est au-dessus de ses tangentes.
- f est convexe sur I si et seulement si f' est croissante sur I.

II Dérivée seconde d'une fonction

Définition : Soient f une fonction dérivable sur un intervalle I et f' sa dérivée sur I. Si f' est dérivable sur I, on appelle dérivée seconde de f sur I, la dérivée de f' sur I. On note cette dérivée seconde f''.

Propriété : f est convexe sur un intervalle I si et seulement si f'' est positive sur I.

III Point d'inflexion d'une courbe

Définition : Soient f une fonction définie sur un intervalle I et $\mathscr{C}$ sa courbe représentative. On appelle point d'inflexion de $\mathscr{C}$, tout point de $\mathscr{C}$ où f change de convexité (de convexe à concave ou inversement).

Théorèmes : • Soit a un réel de l'ensemble de définition de f. Si f est une fonction deux fois dérivable sur I, le point $F(a\,;\,f(a))$ est un point d'inflexion de $\mathscr{C}$ si et seulement si f'' s'annule et change de signe en a.

• Si f est dérivable sur I, le point $F(a\,;\,f(a))$ est un point d'inflexion de $\mathscr{C}$ si et seulement si $\mathscr{C}$ traverse sa tangente en I.

Méthodes

1 Étudier la convexité d'une fonction

On considère la fonction f définie sur $\mathbb{R}$ par $f(x) = 3x^2 - 4x + 1$.
Étudier la convexité de f sur $\mathbb{R}$.

Conseils

Étudiez la dérivabilité de f et f' sur $\mathbb{R}$ et le signe de f''.

SOLUTION

f est une fonction polynôme donc f est deux fois dérivable sur $\mathbb{R}$.
Pour tout x réel, on a $f'(x) = 6x - 4$ et $f''(x) = 6$.
$f''(x) > 0$ pour tout x réel, la fonction f est donc convexe sur $\mathbb{R}$.

2 Déterminer des points d'inflexion

Soit f la fonction définie sur $\mathbb{R}$ par $f(x) = \dfrac{2x}{x^2+2}$ et soit $\mathscr{C}$ sa courbe représentative. Étudier l'existence éventuelle de points d'inflexion.

Conseils

Pour déterminer les éventuels points d'inflexion de la courbe représentative d'une fonction f dérivable deux fois sur un intervalle I, il suffit de :
Étape 1 calculer $f''(x)$;
Étape 2 résoudre l'équation $f''(x) = 0$;
Étape 3 étudier le signe de $f''(x)$ et déterminer si f'' change de signe en chacune des éventuelles solutions de l'équation $f''(x) = 0$.

SOLUTION

Étape 1 f est deux fois dérivable sur $\mathbb{R}$. Pour tout réel x :

$$f'(x) = \frac{2(x^2+2) - 2x(2x)}{(x^2+2)^2} = \frac{-2x^2+4}{(x^2+2)^2} \text{ et}$$

$$f''(x) = \frac{-4x(x^2+2)^2 - (-2x^2+4)(2\times 2x(x^2+2))}{(x^2+2)^4} = \frac{4x(x^2-6)}{(x^2+2)^3}.$$

Étape 2 $f''(x) = 0$ équivaut à : $4x(x^2-6) = 0$, soit $x = 0$ ou $x^2 = 6$.
L'équation $f''(x) = 0$ a donc trois solutions : 0 ; $\sqrt{6}$ et $-\sqrt{6}$.
La courbe possède au maximum trois points d'inflexion.
Étape 3 $f''(x)$ s'annule et change de signe en $-\sqrt{6}$, en 0 et en $\sqrt{6}$. $\mathscr{C}$ admet donc 3 points d'inflexion dont les abscisses sont $-\sqrt{6}$, 0 et $\sqrt{6}$.

Quiz EXPRESS 25

Avez-vous bien révisé les fiches 23 et 24 ? On vérifie !

Compléments sur la dérivation

1 Composée de fonctions

FICHE 23

On considère les fonctions $f : x \mapsto x^2$ et $g : x \mapsto x+1$.

La fonction $f \circ g$ est définie par :

☐ **a.** $f \circ g : x \mapsto (x+1)^2$ ☐ **b.** $f \circ g : x \mapsto x^2+1$

☐ **c.** $f \circ g : x \mapsto x^2(x+1)$

2 Dérivée d'une fonction composée

FICHE 23

Soit h la fonction définie par $h : x \mapsto (2x+1)^2$. La dérivée de h est :

☐ **a.** $h' : x \mapsto 2(2x+1)$ ☐ **b.** $h' : x \mapsto 4(2x+1)$

☐ **c.** $h' : x \mapsto 2^2$

3 Étude de la convexité

FICHE 24

1. La fonction cube : $x \mapsto x^3$ est :

☐ **a.** convexe sur $\mathbb{R}$

☐ **b.** convexe sur $]-\infty\,;0[$ et concave sur $]0\,;+\infty[$

☐ **c.** concave sur $]-\infty\,;0[$ et convexe sur $]0\,;+\infty[$

2. Soient I un intervalle de $\mathbb{R}$, et f et g deux fonctions convexes et deux fois dérivables sur I. Pour tout x de I, on pose $h(x) = f(x) + g(x)$. Alors :

☐ **a.** h est convexe sur I ☐ **b.** h est concave sur I

☐ **c.** On ne peut rien dire sur la concavité ou la convexité de h

4 Recherche de points d'inflexion

FICHE 24

Soient f la fonction définie sur $\mathbb{R}$ par $f(x) = x^3 + 3x^2$ et $\mathscr{C}$ sa courbe représentative. La courbe $\mathscr{C}$:

☐ **a.** a un point d'inflexion d'abscisse -1

☐ **b.** a un point d'inflexion d'abscisse 1

☐ **c.** n'a aucun point d'inflexion

CORRIGÉS

1 Composée de fonctions

Réponse a. f et g sont définies sur $\mathbb{R}$, $f \circ g$ est donc définie sur $\mathbb{R}$ et, pour tout x de $\mathbb{R}$, on a $f \circ g(x) = f(g(x)) = g(x)^2 = (x+1)^2$.

2 Dérivée d'une fonction composée

Réponse b. On remarque que h est la composée de u suivie de v avec $u : x \mapsto 2x+1$ et $v : x \mapsto x^2$.

On a donc, pour tout x de $\mathbb{R}$, $h'(x) = v'(u(x)) \times u'(x)$.

Or $v'(x) = 2x$ et $u'(x) = 2$ ainsi $h'(x) = 2(2x+1) \times 2 = 4(2x+1)$.

3 Étude de la convexité

1. **Réponse c.**

Pour tout x de $\mathbb{R}$, on a $f'(x) = 3x^2$ et $f''(x) = 6x$. Le signe de $f''(x)$ dépend donc du signe de $6x$. $6x$ est positif sur $]0\,;+\infty[$ et négatif sur $]-\infty\,;0[$, ainsi f est concave sur $]-\infty\,;0[$ et convexe sur $]0\,;+\infty[$.

À noter

f est deux fois dérivable sur $\mathbb{R}$, on étudie donc le signe de $f''(x)$.

2. **Réponse a.** f et g étant deux fois dérivables sur I, h est également deux fois dérivable sur I. Ainsi, pour tout x de I, on a $h'(x) = f'(x) + g'(x)$ et $h''(x) = f''(x) + g''(x)$. De plus, f et g étant convexes sur I, leurs dérivées secondes sont positives sur I. On en déduit que $h''(x) > 0$, donc h est convexe sur I.

4 Recherche de points d'inflexion

Réponse a. f est deux fois dérivable sur $\mathbb{R}$. On détermine donc f''. Pour tout x réel, $f'(x) = 3x^2 + 6x$ et $f''(x) = 6x + 6$.

$f''(x) = 0 \Leftrightarrow x = -1$.

On a $f''(x) > 0 \Leftrightarrow x > -1$ et $\mathscr{C}$ $f''(x) < 0 \Leftrightarrow x < -1$.

f'' s'annule et change de signe en -1, $\mathscr{C}$ admet donc un point d'inflexion d'abscisse -1.

Limites et asymptotes

26

☐ OK

I Limite finie en l'infini

Définition : Dire que ℓ est la limite de $f(x)$ quand x tend vers $+\infty$ signifie qu'il existe un nombre x_0 tel que, pour tout $x > x_0$, tout intervalle ouvert contenant ℓ contient tous les nombres $f(x)$.

On note $\lim\limits_{x \to +\infty} f(x) = \ell$ (resp. $\lim\limits_{x \to -\infty} f(x) = \ell$).

Exemples : $\lim\limits_{x \to +\infty} \frac{1}{x} = 0$; $\lim\limits_{x \to -\infty} \frac{1}{x} = 0$; $\lim\limits_{x \to -\infty} \mathrm{e}^x - 1 = -1$.

Définition : Soit ℓ un nombre réel.

Dire que la droite d'équation $y = \ell$ est asymptote à la courbe représentant f en $+\infty$ (resp. en $-\infty$) signifie que $\lim\limits_{x \to +\infty} f(x) = \ell$ (resp. $\lim\limits_{x \to -\infty} f(x) = \ell$).

À noter

La courbe se rapproche de « plus en plus » de son asymptote.

II Limite infinie en l'infini

Définition : Soit A un nombre réel. Dire qu'une fonction f tend vers $+\infty$ (resp. $-\infty$) quand x tend vers $+\infty$ signifie que tout intervalle de la forme $]A\,;+\infty[$ contient tous les nombres $f(x)$ pourvu que x soit suffisamment grand.

On note $\lim\limits_{x \to +\infty} f(x) = +\infty$ et $\lim\limits_{x \to +\infty} f(x) = -\infty$ (resp. $\lim\limits_{x \to -\infty} f(x) = \pm\infty$).

Exemples : Soit n un entier naturel. On a $\lim\limits_{x \to +\infty} x^n = +\infty$; $\lim\limits_{x \to -\infty} x^n = +\infty$ ou $-\infty$ selon la parité de n ; $\lim\limits_{x \to +\infty} \sqrt{x} = +\infty$; $\lim\limits_{x \to +\infty} \mathrm{e}^x = +\infty$.

III Limite infinie en un point

Définition : Dire que f a pour limite $+\infty$ (resp. $-\infty$) en x_0 signifie que tout intervalle du type $]A\,;+\infty[$ (resp. $]-\infty\,;A[$) contient tous les nombres $f(x)$, pourvu que x soit suffisamment proche de x_0.

Exemples : $\lim\limits_{x \to 0^+} \frac{1}{x} = +\infty$ et $\lim\limits_{x \to 0^-} \frac{1}{x} = -\infty$

Définition : Soit ℓ un nombre réel. La droite d'équation $x = \ell$ est asymptote à la courbe représentant f si $\lim\limits_{x \to \ell} f(x) = \pm\infty$.

Méthode

Lire et interpréter une limite

On considère une fonction f dont le tableau de variations est donné ci-dessous.

x	$-\infty$		1		4		5		$+\infty$
$f(x)$	$-\infty$	↗	2	↘	$-\infty$ ‖ $+\infty$	↘	-1	↗	2

a. Quel est l'ensemble de définition de f ?

b. Quelles sont les limites données dans ce tableau ? Les interpréter graphiquement, puis donner une allure de la courbe représentant f.

Conseils

Les limites de f se lisent en $+\infty$, $-\infty$ et aux points en lesquels la fonction n'est pas définie.

SOLUTION

a. L'ensemble de définition de f est $]-\infty, 4[\cup]4, +\infty[$.

b. On lit les limites suivantes : $\lim\limits_{x \to -\infty} f(x) = -\infty$ et $\lim\limits_{x \to +\infty} f(x) = 2$.

Lorsque x tend vers 4 en restant inférieur à 4, on a $\lim\limits_{x \to 4^-} f(x) = -\infty$.

Lorsque x tend vers 4 en restant supérieur à 4, on a $\lim\limits_{x \to 4^+} f(x) = +\infty$.

A noter

$\lim\limits_{x \to 4^-} f(x)$ peut également se noter $\lim\limits_{\substack{x \to 4 \\ x < 4}} f(x)$. Cette écriture montre bien que x se rapproche de 4 en étant dans l'intervalle $]-\infty ; 4[$.

La courbe représentant f admet donc pour asymptote horizontale la droite d'équation $y = 2$ en $+\infty$ et pour asymptote verticale la droite d'équation $x = 4$.

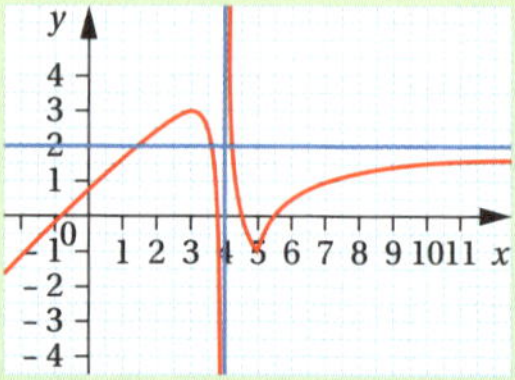

Opérations sur les limites, comparaison

27

☐ OK

I Opérations sur les limites

Les résultats des opérations sur les limites sont admis. La limite d'une somme de fonctions se calcule de la même façon que la limite d'une somme de suites ▶ FICHE 20. « F. I. » désigne une forme indéterminée.

1 Limite d'un produit

Limite de f	ℓ	$\ell \neq 0$	$+\infty$	$-\infty$	$-\infty$	0
Limite de g	ℓ'	$+\infty$ ou $-\infty$	$+\infty$	$+\infty$	$-\infty$	$+\infty$ ou $-\infty$
Limite de $f \times g$	$\ell\ell'$	$+\infty$ ou $-\infty$ selon le signe de ℓ	$+\infty$	$-\infty$	$+\infty$	F. I.

2 Limite d'un quotient

Limite de f	ℓ	ℓ	$\ell > 0$		$\ell < 0$	
Limite de g	$\ell' \neq 0$	$+\infty$ ou $-\infty$	0^+	0^-	0^+	0^-
Limite de $\frac{f}{g}$	$\frac{\ell}{\ell'}$	0	$+\infty$	$-\infty$	$-\infty$	$+\infty$

Limite de f	$+\infty$	$+\infty$		$-\infty$		0	$+\infty$ ou $-\infty$
Limite de g	$\ell' \neq 0$	0^+	0^-	0^+	0^-	0	$+\infty$ ou $-\infty$
Limite de $\frac{f}{g}$	$+\infty$ ou $-\infty$ selon le signe de ℓ	$+\infty$	$-\infty$	$-\infty$	$+\infty$	F. I.	F. I.

II Comparaison et encadrement

Théorèmes : Soient f, g, h trois fonctions définies sur un intervalle I telles que pour tout x de I : $f(x) \leqslant g(x) \leqslant h(x)$ ou $f(x) < g(x) < h(x)$.

- Si $\lim_{x \to x_0} f(x) = \ell$ et $\lim_{x \to x_0} h(x) = \ell'$, alors $\ell \leqslant \lim_{x \to x_0} g(x) \leqslant \ell'$.
- Si $\lim_{x \to x_0} f(x) = \ell$ et $\lim_{x \to x_0} h(x) = \ell$, alors $\lim_{x \to x_0} g(x) = \ell$.

Méthode

Déterminer la limite en l'infini d'une fraction rationnelle

a. Déterminer la limite lorsque x tend vers $+\infty$ de $3x^2+3x+1$, puis celle de $2x-1$.

b. Déterminer la limite en $+\infty$ de $f(x)=\dfrac{2x-1}{3x^2+3x+1}$.

Conseils

b. Pour lever la forme indéterminée, factorisez le numérateur et le dénominateur par les termes de plus haut degré.

SOLUTION

a. $\lim\limits_{x\to+\infty} 3x^2=+\infty$; $\lim\limits_{x\to+\infty} 3x=+\infty$ et $\lim\limits_{x\to+\infty} 1=1$.

Ainsi $\lim\limits_{x\to+\infty}(3x^2+3x+1)=+\infty$.

De même, $\lim\limits_{x\to+\infty}(2x-1)=+\infty$.

b. Le numérateur et le dénominateur de cette fraction ont pour limite $+\infty$: il s'agit d'une forme indéterminée.

Pour lever cette indétermination, on factorise le numérateur et le dénominateur par les termes de plus haut degré. On a alors :

$$f(x)=\frac{2x-1}{3x^2+3x+1}=\frac{2x\left(1-\frac{1}{2x}\right)}{3x^2\left(1+\frac{3x}{3x^2}+\frac{1}{3x^2}\right)}=\frac{2\left(1-\frac{1}{2x}\right)}{3x\left(1+\frac{3}{3x}+\frac{1}{3x^2}\right)}.$$

$\lim\limits_{x\to+\infty} 2\left(1-\dfrac{1}{2x}\right)=2$ car $\lim\limits_{x\to+\infty}\dfrac{1}{2x}=0$ et $\lim\limits_{x\to+\infty}\left(1-\dfrac{1}{2x}\right)=1$.

De plus, $\lim\limits_{x\to+\infty}\left(1+\dfrac{3}{3x}+\dfrac{1}{3x^2}\right)=1$ et $\lim\limits_{x\to+\infty} 3x=+\infty$,

donc $\lim\limits_{x\to+\infty} 3x\left(1+\dfrac{3}{3x}+\dfrac{1}{3x^2}\right)=+\infty$. Ainsi, d'après le tableau donnant la limite d'un quotient, on déduit que $\lim\limits_{x\to+\infty} f(x)=0$.

À noter

On remarque que $\lim\limits_{x\to+\infty} f(x)=\lim\limits_{x\to+\infty}\dfrac{2}{3x}$. D'une façon générale, la limite en $+\infty$ (ou $-\infty$) d'une fraction rationnelle est égale à la limite en $+\infty$ (ou $-\infty$) du rapport de ses termes prépondérants, c'est-à-dire de plus haut degré.

Limites et continuité

28

☐ OK

I Définitions – Propriétés

Définition : Soit x_0 un réel appartenant à un intervalle I. Une fonction f définie sur I est **continue** en x_0 si f admet une limite finie en x_0. Cette limite est alors $f(x_0)$.

Une fonction f définie sur un intervalle I est **continue sur I** si f est continue en tout point de I.

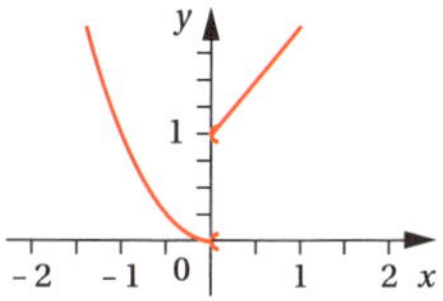

Contre-exemple : La fonction ci-contre est continue sur $]-2\,;\,0]$ et sur $]0\,;\,2]$ mais pas sur tout l'intervalle $[-2\,;\,2]$.

Exemples :

- Les fonctions polynômes sont continues sur $\mathbb{R}$.
- La fonction $x \mapsto \sqrt{x}$ est continue sur $]0\,;+\infty[$.
- La fonction exponentielle est continue sur $\mathbb{R}$.
- Les fonctions rationnelles sont continues sur tout intervalle inclus dans leur domaine de définition.
- Toute fonction dérivable sur un intervalle I est continue sur I.

II Théorèmes des valeurs intermédiaires et de la bijection

Théorème des valeurs intermédiaires

Soient f une fonction définie et continue sur un intervalle I, et a et b deux réels de I.

Pour tout réel k compris entre $f(a)$ et $f(b)$, il existe **au moins** un réel c compris entre a et b tel que $f(c) = k$.

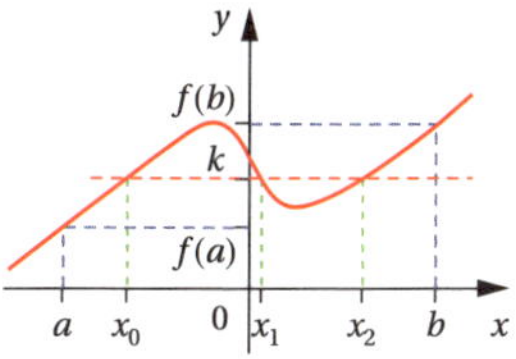

Dans ce cas, $f(x) = k$ a trois solutions.

Remarque : Cela revient à dire que, si k est compris entre $f(a)$ et $f(b)$, l'équation $f(x) = k$ admet au moins une solution comprise entre a et b.

Corollaire : théorème de la bijection

Si f est une fonction continue et strictement monotone sur un intervalle $[a\,;b]$, alors pour tout réel k compris entre $f(a)$ et $f(b)$, l'équation $f(x) = k$ a une solution **unique** dans $[a\,;b]$.

Méthode

Déterminer une solution de l'équation $f(x) = 0$

Montrer que l'équation (E) $-x^3 + x^2 - x + 2 = 0$ admet une unique solution dans l'intervalle [1 ; 2].

Conseils

Pour démontrer ce résultat, appliquez le théorème de la bijection avec $k = 0$.

Étape 1 Explicitez la fonction f à laquelle on souhaite appliquer ce théorème.

Étape 2 Vérifiez toutes les hypothèses nécessaires : f est continue sur $[a ; b]$; f est strictement monotone sur $[a ; b]$ et 0 est compris entre $f(a)$ et $f(b)$.

Étape 3 Appliquez le théorème de la bijection et conclure.

SOLUTION

Étape 1 On introduit la fonction f définie par : $f(x) = -x^3 + x^2 - x + 2$.
Résoudre l'équation (E) revient à résoudre $f(x) = 0$.

Étape 2 • f est une fonction polynôme donc f est continue sur $\mathbb{R}$, et en particulier sur [1 ; 2].

• Pour montrer que f est strictement monotone, on commence par déterminer la dérivée de f. Étant une fonction polynôme, f est dérivable sur [1 ; 2] et, pour tout x de [1 ; 2], on a $f'(x) = -3x^2 + 2x - 1$.
Le discriminant du polynôme du second degré $f'(x)$ est $2^2 - 4 \times (-3) \times (-1) = -8$. Il est négatif, donc $f'(x)$ est toujours du signe du coefficient de x^2 ($a = -3$), c'est-à-dire négatif. La fonction f est donc strictement décroissante sur [1 ; 2].

• $f(1) = -1 + 1 - 1 + 2 = 1$ et $f(2) = -8 + 4 - 2 + 2 = -4$.
Donc 0 est bien compris entre $f(1)$ et $f(2)$.

D'après le théorème de la bijection, **l'équation $f(x) = 0$ admet une unique solution sur [1 ; 2].**

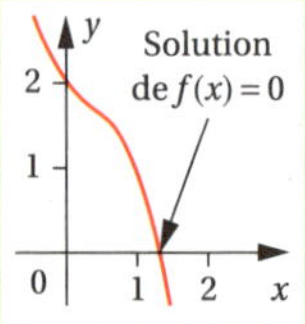

À noter

On peut remarquer ici que f étant décroissante sur [1 ; 2], l'image par f de [1 ; 2] est $[f(2) ; f(1)] = [-4 ; 1]$.

Quiz EXPRESS 29

Avez-vous bien révisé les fiches 26 à 28 ? On vérifie !

Limites et continuité des fonctions d'une variable réelle

1 Limites et asymptote

FICHE 26

1. Si f est une fonction vérifiant $\lim\limits_{x \to +\infty} f(x) = 2$, alors :

☐ **a.** la droite d'équation $x = 2$ est asymptote à la courbe représentant f.

☐ **b.** la droite d'équation $y = 2$ est asymptote à la courbe représentant f.

☐ **c.** la courbe représentant f n'admet pas d'asymptote.

2 Limites et inégalités

FICHE 27

1. Si une fonction f est négative sur un intervalle I et si x_0 est une borne de I ou un point en lequel f n'est pas définie, alors il est possible que :

☐ **a.** $\lim\limits_{x \to x_0} f(x) = 1$ ☐ **b.** $\lim\limits_{x \to x_0} f(x) = -2$ ☐ **c.** $\lim\limits_{x \to x_0} f(x) = +\infty$

2. Si, pour tout x de l'ensemble de définition de f, $f(x) > 0$, alors :

☐ **a.** $\lim\limits_{x \to x_0} f(x) > 0$ ☐ **b.** $\lim\limits_{x \to x_0} f(x) \geqslant 0$ ☐ **c.** $\lim\limits_{x \to x_0} f(x) = 0$

3 Théorème des valeurs intermédiaires

FICHE 28

Soit f une fonction définie sur $[-5\,;5]$ dont le tableau de variations est le suivant :

x	-5		-3		0		5
$f(x)$	-4	↗	2	↘	-1	↗	0

L'équation $f(x) = 0$ admet :

☐ **a.** trois solutions sur $[-5\,;5]$ ☐ **b.** deux solutions sur $[-5\,;5]$

☐ **c.** une solution sur $[-3\,;5]$

CORRIGÉS

1 Limites et asymptote

1. **Réponse b.** On sait, par définition, que si $\lim\limits_{x \to +\infty} f(x) = 2$, alors la droite d'équation $y = 2$ est asymptote à la courbe représentant f.

2 Limites et inégalités

1. **Réponse b.** Si f est négative, alors nécessairement $\lim\limits_{x \to x_0} f(x) \leqslant 0$. Ainsi, la seule réponse possible est la réponse **b**.

2. **Réponse b.** Si pour tout x de l'ensemble de définition de f, on a $f(x) > 0$, alors $\lim\limits_{x \to x_0} f(x) \geqslant 0$. La réponse **a** ne convient pas car f pourrait tendre vers 0 même sans jamais l'atteindre ainsi, lorsque l'on passe aux limites, les inégalités strictes deviennent des inégalités larges.

3 Théorème des valeurs intermédiaires

Réponse a. Il y a une solution évidente sur $\mathbb{R}$ qui est $x = 5$.

Sur l'intervalle $[-5\,;-3]$, f est strictement monotone. 0 est compris entre $f(-5) = -4$ et $f(-3) = 2$ et la fonction est continue, donc d'après le théorème de la bijection l'équation $f(x) = 0$ admet une unique solution sur $[-5\,;-3]$.

On fait le même raisonnement sur $[-3\,;\,0]$. Ainsi l'équation $f(x) = 0$ admet trois solutions sur $[-5\,;5]$.

Définition et propriétés analytiques de la fonction logarithme népérien

30

☐ OK

I Définition et notations

Définition : La fonction exponentielle, notée exp, est l'unique fonction dérivable sur $\mathbb{R}$ de dérivée elle-même, et qui prend la valeur 1 en 0.

Définition : La fonction logarithme népérien, notée ln est la fonction définie sur $]0\,;+\infty[$ par :

$$\text{pour tout } x \in]0\,;+\infty[,\ \ln x = y \Leftrightarrow x = \mathrm{e}^y$$

Conséquences :

- Pour tout réel x strictement positif, $\mathrm{e}^{\ln x} = x$.
- Pour tout réel y, $\ln(\mathrm{e}^y) = y$.

On a en particulier $\ln 1 = 0$ et $\ln \mathrm{e} = 1$.

II Propriétés analytiques

La fonction ln est **dérivable** sur $]0\,;+\infty[$, et pour tout $x \in]0\,;+\infty[$:

$$\ln'(x) = \frac{1}{x}$$

La fonction ln est **strictement croissante** sur $]0\,;+\infty[$.

$\lim\limits_{x\to 0^+} \ln x = -\infty$ et $\lim\limits_{x\to +\infty} \ln x = +\infty$.

À noter

Pour toute fonction u strictement positive et dérivable sur un intervalle I, la fonction $\ln u$ est dérivable sur I et $(\ln u)' = \dfrac{u'}{u}$.

III Tableau de variations et courbe

x	0		1		$+\infty$
ln	‖	$-\infty$ ↗	0	↗	$+\infty$

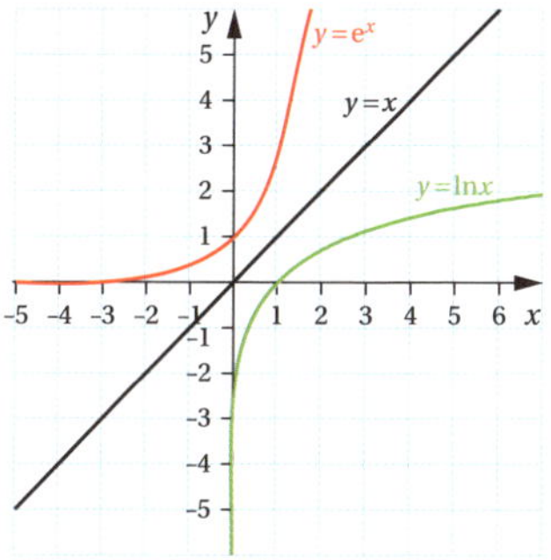

À noter

Les courbes représentatives des fonctions exp et ln sont symétriques par rapport à la droite d'équation $y = x$.

Méthode

Étudier une fonction contenant des logarithmes

Étudier la fonction f définie par $f(x) = \ln\left(1 + e^{-x}\right)$.

Conseils

Étape 1 Déterminez l'ensemble de définition de f.
Étape 2 Étudiez la dérivabilité de f et déterminez sa fonction dérivée.
Étape 3 Déduisez-en les variations de f sur son domaine de définition.
Étape 4 Étudiez les limites de f aux bornes de son domaine de définition.
Étape 5 Dressez le tableau de variations de f.

SOLUTION

Étape 1 La fonction ln est définie sur $]0\,;+\infty[$. Or, pour tout réel x, $e^{-x} > 0$ donc $1 + e^{-x} > 0$. Donc f est **définie sur $\mathbb{R}$**.

Étape 2 Comme composée de fonctions dérivables, f est **dérivable sur $\mathbb{R}$** FICHE 23.

f est de la forme $\ln u$ avec $u(x) = 1 + e^{-x}$, pour tout réel x. Or $(\ln u)' = \dfrac{u'}{u}$, avec $u'(x) = -e^{-x}$.

Donc pour tout réel x, $f'(x) = \dfrac{-e^{-x}}{1 + e^{-x}}$.

Étape 3 La fonction exponentielle est strictement positive, d'où $\dfrac{e^{-x}}{1+e^{-x}} > 0$ et $f'(x) < 0$ pour tout réel x. Donc f est **strictement décroissante sur $\mathbb{R}$**.

Étape 4 On sait que $\lim\limits_{x \to -\infty} \left(e^{-x}\right) = +\infty$, donc $\lim\limits_{x \to -\infty} \left(1 + e^{-x}\right) = +\infty$.

Or $\lim\limits_{X \to +\infty} \ln X = +\infty$, donc, par composition, $\lim\limits_{x \to -\infty} f(x) = +\infty$.

On sait que $\lim\limits_{x \to +\infty} \left(e^{-x}\right) = 0$, donc $\lim\limits_{x \to +\infty} \left(1 + e^{-x}\right) = 1$. Or $\lim\limits_{X \to 1} \ln X = \ln 1 = 0$, donc, par composition, $\lim\limits_{x \to +\infty} f(x) = 0$.

Étape 5

x	$-\infty$		$+\infty$
$f'(x)$		$-$	
f	$+\infty$	↘	0

Propriétés algébriques de la fonction logarithme népérien

31

☐ OK

I Propriétés algébriques

- Pour tous réels strictement positifs a et b, et pour tout entier n, on a :
- $\ln(ab) = \ln(a) + \ln(b)$
- $\ln\left(\frac{a}{b}\right) = \ln(a) - \ln(b)$
- $\ln\left(\frac{1}{a}\right) = -\ln(a)$
- $\ln(a^n) = n\ln(a)$

Conséquence : Pour tout réel strictement positif a, on a :

$$\ln(\sqrt{a}) = \frac{1}{2}\ln(a)$$

II Équations et inéquations

Pour tous réels a et b strictement positifs, on a :

- $\ln(a) = \ln(b) \Leftrightarrow a = b$
- $\ln(a) < \ln(b) \Leftrightarrow a < b$

Exemple : $\ln(3x) = \ln 6 \Leftrightarrow 3x = 6 \Leftrightarrow x = 2$.

Conséquence :

Pour tout réel m et tout réel strictement positif x, on a :

- $\ln(x) = m \Leftrightarrow x = e^m$
- $\ln(x) < m \Leftrightarrow x < e^m$

Exemple : $\ln(1 + x) = 4 \Leftrightarrow 1 + x = e^4 \Leftrightarrow x = e^4 - 1$.

En particulier : $\ln(a) < 0 \Leftrightarrow 0 < a < 1$.

Remarque : Si q et a sont des réels strictement positifs et si n est un entier naturel, alors $q^n > a \Leftrightarrow n\ln(q) > \ln(a)$.

À noter

Cette remarque permet de déterminer un seuil dans l'étude d'une suite géométrique.

▶ FICHE 21

Méthodes

1 Simplifier ou transformer une expression

On pose $A = \dfrac{\ln 12 - 3\ln 2}{2\ln 3 - \ln 6}$ et $B = \mathrm{e}^{-\ln 2} + \ln\left(\mathrm{e}^{-2}\right)$.

Montrer que A est un entier et que B est un rationnel.

Conseils

Pour simplifier *A*, utilisez la propriété sur le logarithme d'un produit.
Pour simplifier *B*, utilisez la définition du logarithme.

SOLUTION

- $A = \dfrac{\ln\left(3 \times 2^2\right) - 3\ln 2}{2\ln 3 - \ln(3 \times 2)} = \dfrac{\ln 3 + 2\ln 2 - 3\ln 2}{2\ln 3 - (\ln 3 + \ln 2)} = \dfrac{\ln 3 - \ln 2}{\ln 3 - \ln 2} = 1.$

Donc **A est entier.**

- $B = \dfrac{1}{\mathrm{e}^{\ln 2}} + \ln\left(\mathrm{e}^{-2}\right) = \dfrac{1}{2} - 2 = -\dfrac{3}{2}$. Donc **$B$ est rationnel.**

2 Résoudre une inéquation

On considère la suite géométrique de terme général $u_n = \dfrac{1}{2^n}$.

Déterminer à partir de quel rang n on a $u_n \leqslant 10^{-5}$.

Conseil

Modifiez la condition $u_n \leqslant 10^{-5}$ en prenant le logarithme népérien de chaque membre, pour faire passer l'inconnue *n* d'exposant à coefficient.

SOLUTION

Pour tout $n \in \mathbb{N}$, $u_n > 0$. On peut utiliser la croissance de la fonction ln car les deux membres de l'inégalité sont positifs. On obtient :

$$0 < u_n \leqslant 10^{-5} \Leftrightarrow \ln(u_n) \leqslant \ln\left(10^{-5}\right) \Leftrightarrow \ln\left(\frac{1}{2^n}\right) \leqslant \ln\left(10^{-5}\right)$$

$$\Leftrightarrow -\ln\left(2^n\right) \leqslant \ln\left(10^{-5}\right) \Leftrightarrow -n\ln 2 \leqslant \ln\left(10^{-5}\right)$$

$$\Leftrightarrow n \geqslant \frac{-\ln\left(10^{-5}\right)}{\ln 2} \; (-\ln 2 < 0) \text{ et } \frac{-\ln\left(10^{-5}\right)}{\ln 2} \approx 16{,}6$$

Donc $u_n \leqslant 10^{-5}$ à partir du rang **$n = 17$**.

À noter

Attention aux signes dans les résolutions d'inéquations !

Comparaison des fonctions puissance, ln et exp

32

☐ OK

I Théorème des croissances comparées

- Soit n un entier naturel non nul. On a :

$$\lim_{x \to 0^+} x^n \ln x = 0 \text{ et } \lim_{x \to +\infty} \frac{\ln x}{x^n} = 0$$

- *Conséquence* : Compte tenu des croissances comparées des fonctions puissance et exponentielle, on a également :

$$\lim_{x \to +\infty} \frac{\ln x}{e^x} = 0$$

À noter

$\lim_{x \to 0} \frac{\ln(1+x)}{x}$ est la limite du taux d'accroissement en 0 de la fonction u définie sur $]-1\,;+\infty[$ par $u(x) = \ln(1+x)$, dont la dérivée est $u'(x) = \frac{1}{1+x}$.

Donc $\lim_{x \to 0} \frac{\ln(1+x)}{x} = u'(0) = 1$ (il faut connaître cette limite !).

II Courbes représentatives

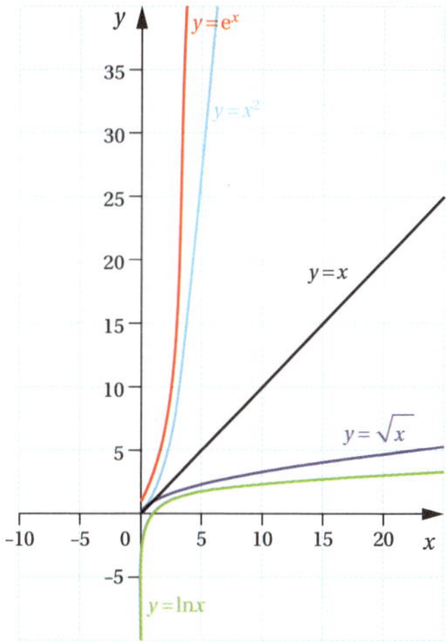

Méthode

Lever une forme indéterminée

a. Calculer la limite en $+\infty$ de la fonction $f : x \mapsto e^x - x + \ln x$.

b. Calculer les limites de la fonction $g : x \mapsto x\ln\left(1+\frac{1}{x}\right)$ aux bornes de l'intervalle $]0 ; +\infty[$.

Conseils

a. Pour f, factorisez par le terme qui « l'emporte » pour faire apparaître des croissances comparées.
b. Pour g, utilisez une propriété de la fonction ln pour vous ramener à une croissance comparée.

SOLUTION

a. Pour tout réel x strictement positif, $f(x) = e^x\left(1 - \frac{x}{e^x} + \frac{\ln x}{e^x}\right)$.

Par croissances comparées, on a $\lim\limits_{x \to +\infty} \frac{x}{e^x} = 0$ et $\lim\limits_{x \to +\infty} \frac{\ln(x)}{e^x} = 0$.

Donc, par somme, $\lim\limits_{x \to +\infty}\left(1 - \frac{x}{e^x} + \frac{\ln x}{e^x}\right) = 1$.

De plus, $\lim\limits_{x \to +\infty} e^x = +\infty$.

Donc, par produit, on obtient $\lim\limits_{x \to +\infty} f(x) = +\infty$.

b. Pour tout réel x strictement positif,

$g(x) = x\ln\left(\frac{x+1}{x}\right) = x\ln(x+1) - x\ln x$. Par croissances comparées, $\lim\limits_{x \to 0^+} x\ln x = 0$, donc par somme, $\lim\limits_{x \to 0^+} g(x) = 0$.

En effectuant le changement de variable $X = \frac{1}{x}$, on a $\lim\limits_{x \to +\infty} x\ln\left(1+\frac{1}{x}\right) = \lim\limits_{X \to 0} \frac{\ln(1+X)}{X} = 1$, donc $\lim\limits_{x \to +\infty} g(x) = 1$.

À noter

On reconnaît $\lim\limits_{X \to 0} \frac{\ln(1+X)}{X}$ qui n'est pas une croissance comparée, mais la limite d'un taux d'accroissement.

Fonctions trigonométriques

33

☐ OK

I Fonction cosinus

- La fonction cosinus, notée **cos**, est définie sur $\mathbb{R}$.
- Pour tout réel x, $\cos(-x) = \cos x$, la fonction cosinus est **paire, l'axe des ordonnées est axe de symétrie** de sa courbe représentative.
- Pour tout réel x, $\cos(x + 2\pi) = \cos x$, la fonction cosinus est **périodique de période 2π**, sa courbe représentative est invariante par translation de vecteur $2\pi\vec{i}$.
- Tableau de variations sur $[0 ; \pi]$

x	0	$\frac{\pi}{2}$	π
$\cos x$	1 ↘	0 ↘	-1

- Courbe représentative

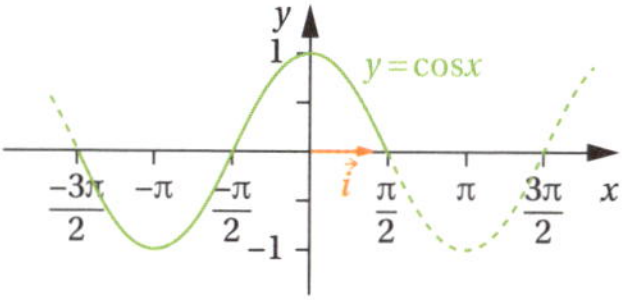

II Fonction sinus

- La fonction sinus, notée **sin**, est définie sur $\mathbb{R}$.
- Pour tout réel x, $\sin(-x) = -\sin x$, la fonction sinus est **impaire, l'origine O du repère est centre de symétrie** de sa courbe représentative.
- Pour tout réel x, $\sin(x + 2\pi) = \sin x$, la fonction sinus est **périodique de période 2π**, sa courbe représentative est invariante par translation de vecteur $2\pi\vec{i}$.
- Tableau de variations sur $[0 ; \pi]$

x	0	$\frac{\pi}{2}$	π
$\sin x$	0 ↗	1 ↘	0

- Courbe représentative

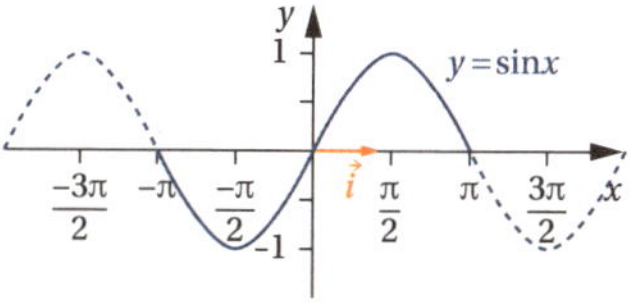

À noter

Vous trouverez dans le dépliant une carte mentale résumant les notions importantes du chapitre, et rappelant les fonctions trigonométriques à connaître.

III Dérivée des fonctions cosinus et sinus

- Les fonctions cosinus et sinus sont dérivables sur $\mathbb{R}$, et pour tout réel x :

$$\cos'(x) = -\sin x \text{ et } \sin'(x) = \cos x$$

- Les limites des taux d'accroissement en 0 des fonctions sinus et cosinus donnent :

$$\lim_{x \to 0} \frac{\sin x}{x} = 1 \text{ et } \lim_{x \to 0} \frac{\cos x - 1}{x} = 0$$

À noter

Si u est une fonction dérivable sur I, alors $\cos u$ et $\sin u$ sont dérivables sur I, et $(\cos u)' = -u' \times \sin u$ et $(\sin u)' = u' \times \cos u$.

▶ FICHE 23

Méthode

Résoudre une inéquation

Résoudre dans l'intervalle $]-\pi ; \pi]$ l'inéquation $\cos x \geqslant \frac{1}{2}$.

Conseil

Aidez-vous d'un cercle trigonométrique et utilisez les variations de la fonction cos.

SOLUTION

La fonction cos est croissante sur $]-\pi ; 0]$ et décroissante sur $[0 ; \pi]$.

De plus, $\cos\frac{-\pi}{3} = \cos\frac{\pi}{3} = \frac{1}{2}$.

Sur $]-\pi ; 0]$,
$\cos x \geqslant \frac{1}{2} \Leftrightarrow -\frac{\pi}{3} \leqslant x \leqslant 0$;

Sur $[0 ; \pi]$, $\cos x \geqslant \frac{1}{2} \Leftrightarrow 0 \leqslant x \leqslant \frac{\pi}{3}$.

Finalement, sur $]-\pi ; \pi]$,
$\cos x \geqslant \frac{1}{2} \Leftrightarrow x \in \left[-\frac{\pi}{3} ; \frac{\pi}{3}\right]$.

Donc $\mathcal{S} = \left[-\frac{\pi}{3} ; \frac{\pi}{3}\right]$.

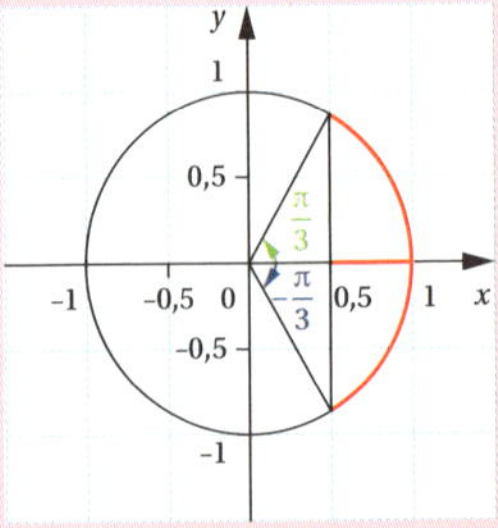

Avez-vous bien révisé les fiches 30 à 33 ? On vérifie !

Fonctions de référence : logarithme, sinus et cosinus

1 Calculs d'images

FICHE 30

Si f est définie par $f(x) = x\ln x - x$, alors :

☐ **a.** $f(1) = 1$ ☐ **b.** $f(1) = 0$ ☐ **c.** $f(1) = -1$

2 Résolutions d'équations

FICHES 30 ET 31

Pour tout réel x, on a :

☐ **a.** $3e^{-x} = 1 \Leftrightarrow x = \ln 3$

☐ **b.** $\ln x + \ln(x+1) = \ln 2 \Leftrightarrow x = 1$ ou $x = -2$

☐ **c.** $\ln(x^2 + 4x + 1) = \ln(x - 1) \Leftrightarrow x = -1$ ou $x = -2$

3 Calculs de dérivées

FICHE 30

La fonction $x \mapsto x\ln x - x$ admet pour dérivée sur $]0\,;+\infty[$:

☐ **a.** $x \mapsto 0$ ☐ **b.** $x \mapsto 1 - x$ ☐ **c.** $x \mapsto \ln x$

4 Calculs de limites

FICHE 32

☐ **a.** $\lim\limits_{x\to 0^+} \dfrac{\ln x}{x} = 0$ ☐ **b.** $\lim\limits_{x\to 0^+} \dfrac{\ln x}{x} = -\infty$ ☐ **c.** $\lim\limits_{x\to 0^+} \dfrac{\ln x}{x} = +\infty$

5 Fonction trigonométrique

FICHE 33

Si la fonction f est définie sur $\mathbb{R}$ par $f(x) = \sin(2x) - \cos^2 x$, alors :

☐ **a.** f est impaire

☐ **b.** $f'(x) = 2\cos x + 2\sin^2 x$, pour tout réel x

☐ **c.** la courbe représentative de f admet en 0 une tangente d'équation $y = 2x - 1$

CORRIGÉS

1 Calculs d'images

Réponse c. $\ln 1 = 0$, donc $f(1) = 1 \times 0 - 1 = -1$.

2 Résolutions d'équations

Réponse a. Pour tout x réel, on a $3e^{-x} = 1 \Leftrightarrow e^{-x} = \frac{1}{3}$ qui est toujours strictement positif.

Donc $3e^{-x} = 1 \Leftrightarrow \ln(e^{-x}) = \ln\left(\frac{1}{3}\right) \Leftrightarrow -x = -\ln 3 \Leftrightarrow x = \ln 3$.

À noter

L'expression $\ln(x) + \ln(x+1)$ n'est pas définie pour $x = -2$. De même, $\ln(x^2 + 4x + 1) = \ln(x-1)$ n'est définie ni pour $x = -1$ ni pour $x = -2$.

3 Calculs de dérivées

Réponse c.

La fonction $u : x \mapsto x\ln x$ est dérivable sur $]0\,;+\infty[$ (produit de deux fonctions dérivables) et $u'(x) = 1 \times \ln x + x \times \frac{1}{x} = \ln x + 1$.

4 Calculs de limites

Réponse b.

$\lim\limits_{x \to 0^+} \ln x = -\infty$ et $\lim\limits_{x \to 0^+} \frac{1}{x} = +\infty$

donc, par produit :

$\lim\limits_{x \to 0^+} \frac{\ln x}{x} = \lim\limits_{x \to 0^+} (\ln x) \times \frac{1}{x} = -\infty$.

À noter

Pour que le logarithme soit défini, la limite est nécessairement une limite à droite.

5 Fonction trigonométrique

Réponse c. Pour tout réel x :

$f'(x) = 2\cos(2x) - 2 \times (-\sin x) \times \cos x = 2\cos(2x) + 2\sin x \cos x$.

Or la tangente à la courbe au point d'abscisse 0 a pour équation $y = f'(0)(x - 0) + f(0)$ avec $f'(0) = 2 \times 1 + 0 = 2$,

et $f(0) = 0 - 1^2 = -1$. Donc elle a pour équation $y = 2x - 1$.

Notions d'équation différentielle et de primitive

35

☐ OK

I Solution d'une équation différentielle

- **Définition :** On appelle **équation différentielle** une équation liant une fonction (qui est donc l'inconnue de l'équation) et ses dérivées.

Exemples : $y' = y$; $y' = y^2$; $y'' + \omega^2 y = 0$.

- On appelle **solution de l'équation différentielle** (E) sur un intervalle I une fonction définie sur I qui vérifie (E) pour tous les réels de I.

Exemples : La fonction $x \mapsto -\dfrac{1}{x}$ est solution sur $]0\,;+\infty[$ de l'équation différentielle $y' = y^2$. Les fonctions $t \mapsto \cos(\omega t)$ et $t \mapsto \sin(\omega t)$ sont solutions sur $\mathbb{R}$ de l'équation différentielle $y'' + \omega^2 y = 0$.

- **Résoudre** une équation différentielle (E) sur un intervalle I revient à trouver l'ensemble des solutions de (E) sur I.

Exemple : Les solutions sur $\mathbb{R}$ de l'équation différentielle $y' = y$ sont les fonctions de la forme $x \mapsto C\mathrm{e}^x$ où C est un réel quelconque.

À noter

La fonction exponentielle est l'unique solution f de l'équation différentielle $y' = y$, qui vérifie $f(0) = 1$.

II Notion de primitive et propriétés

Soit f une fonction continue sur un intervalle I.

- **Définition :** On appelle **primitive** de f sur I toute solution sur I de l'équation différentielle $y' = f$.
- *Conséquence* : F est une primitive de f sur I si et seulement si F est dérivable sur I et :

$$\text{pour tout réel } x \text{ de I, } F'(x) = f(x)$$

- **Propriétés :**
  - Toute fonction continue sur un intervalle I admet des primitives sur I.
  - Si F et G sont deux primitives d'une même fonction f sur I, alors il existe un réel k tel que pour tout $x \in \mathrm{I}$, $F(x) = G(x) + k$.

À noter

Deux primitives d'une même fonction diffèrent d'une constante.

- *Remarque* : La recherche de primitives est l'opération inverse de la dérivation.

Méthode

Approcher une solution par la méthode d'Euler

On considère l'équation différentielle (E) : $y' = -y + 2$.

On note f la solution de (E) telle que $f(x_0) = y_0$ (on admet qu'il en existe une et une seule).

Pour $a > x_0$, écrire un algorithme qui permet de déterminer, par la méthode d'Euler, une approximation de $f(a)$, avec un pas h.

Rappel : La courbe représentative de f admet une tangente en chacun de ses points $M(\alpha ; f(\alpha))$, et pour h très petit, on a $f(\alpha + h) \approx f(\alpha) + h \times f'(\alpha)$. On peut ainsi obtenir des valeurs approchées de $f(x)$ pour x proche de α. C'est cette technique que l'on appelle « méthode d'Euler ».

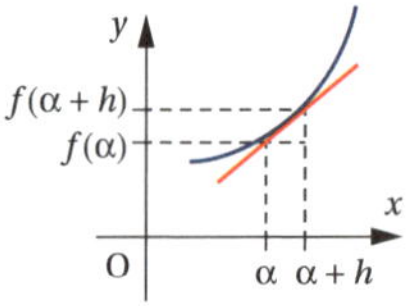

Conseils

Étape 1 On définit les suites (x_n) et (y_n) pour $n \geqslant 1$ par $x_n = x_{n-1} + h$ et $y_n = f(x_n)$. Donnez une approximation du terme général y_n.
Étape 2 Écrivez l'algorithme demandé.

SOLUTION

Étape 1 On pose $M_0(x_0 ; y_0)$. On construit une suite de points $M_n(x_n ; y_n)$ tels que, pour $n \geqslant 1$:

$x_n = x_{n-1} + h$ et $y_n = f(x_n) = f(x_{n-1} + h)$.

On a donc $y_n \approx f(x_{n-1}) + h \times f'(x_{n-1})$. Or $f(x_{n-1}) = y_{n-1}$ et f est solution de (E) donc $f'(x_{n-1}) = -f(x_{n-1}) + 2 = -y_{n-1} + 2$. D'où $y_n \approx y_{n-1}(1 - h) + 2h$.

Étape 2

```
Entrer a, h
Entrer x0, y0
x, y = x0, y0
Tant que x < a :
    x = x + h
    y = y × (1 – h) + 2h
Fin Tant que
Afficher y
```

Équation différentielle $y' = ay + f$

36

☐ OK

I Équation différentielle $y' = ay$, a réel

Les solutions sur $\mathbb{R}$ de l'équation différentielle $y' = ay$ sont les fonctions de la forme :

$$x \mapsto Ce^{ax}, \text{ où } C \text{ est une constante réelle}$$

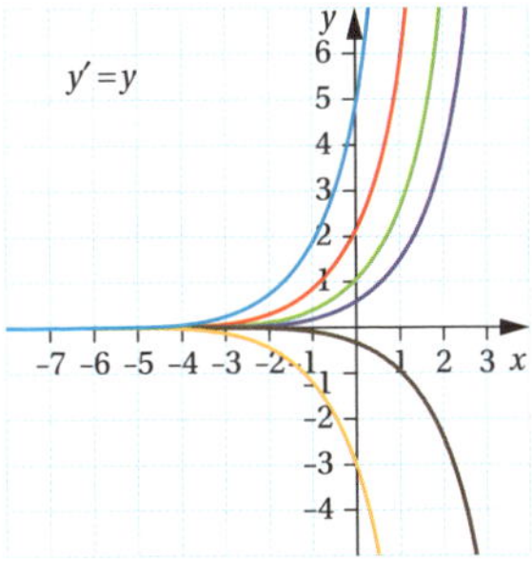

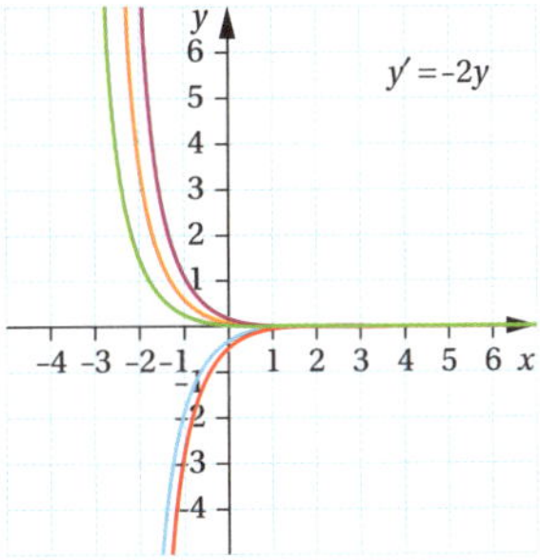

II Équation différentielle $y' = ay + b$, a réel non nul, b réel

Les solutions sur $\mathbb{R}$ de l'équation différentielle $y' = ay + b$ sont les fonctions de la forme :

$$x \mapsto Ce^{ax} - \frac{b}{a},$$

où C est une constante réelle

À noter

Lorsque $b = 0$, on retrouve le cas précédent.

III Équation différentielle $y' = ay + f$, a réel non nul, f fonction continue

Si l'on connaît une solution particulière y_0 sur un intervalle I de l'équation différentielle $y' = ay + f$, alors toutes les autres solutions sont de la forme :

$$x \mapsto Ce^{ax} + y_0$$

où C est une constante réelle

À noter

Lorsque f est une fonction constante, on retrouve le cas précédent.

Méthode

Résoudre une équation différentielle de la forme $y' = ay + b$

On considère l'équation différentielle (E) : $2y' + y = 0$.

1. Déterminer les solutions de (E) sur $\mathbb{R}$.

2. Déterminer la (ou les) solution(s) éventuelle(s) de (E) vérifiant la condition précisée dans chacun des cas suivants :

a. $f(1) = 1$ b. $f(2) = (f(1))^2$ c. $\lim\limits_{x \to +\infty} f(x) = +\infty$

Conseils

1. On se ramène à la forme $y' = ay + b$; c'est alors une question de cours.
2. Exprimez la contrainte par une condition sur la constante C de la solution générale.

SOLUTION

1. y solution de (E) $\Leftrightarrow y' = -\frac{1}{2}y$. Donc $\mathcal{S} = \left\{x \mapsto Ce^{-\frac{x}{2}}, C \in \mathbb{R}\right\}$.

2. f est solution de (E) donc de la forme $f(x) = Ce^{-\frac{x}{2}}$ avec $C \in \mathbb{R}$.

a. $f(1) = 1 \Leftrightarrow Ce^{-\frac{1}{2}} = 1 \Leftrightarrow C = e^{\frac{1}{2}}$. Donc l'unique fonction f solution de (E) vérifiant $f(1) = 1$ est définie par $f_0(x) = e^{\frac{1}{2}} \times e^{-\frac{x}{2}}$ et $\mathcal{S} = \left\{f_0 : x \mapsto e^{\frac{1-x}{2}}\right\}$.

b. $f(2) = (f(1))^2 \Leftrightarrow Ce^{-1} = \left(Ce^{-\frac{1}{2}}\right)^2 \Leftrightarrow Ce^{-1} = C^2e^{-1} \Leftrightarrow C = C^2$
$\Leftrightarrow C - C^2 = 0 \Leftrightarrow C(C-1) = 0 \Leftrightarrow C = 0$ ou $C = 1$.

On a donc deux solutions et $\mathcal{S} = \left\{f_0 : x \mapsto 0 ; f_1 : x \mapsto e^{-\frac{x}{2}}\right\}$.

À noter

$e^{-1} \neq 0$, on peut donc bien simplifier par e^{-1}. En revanche, on ne sait rien de C. Il ne faut donc surtout pas « simplifier » par C dans d'égalité $C = C^2$ (on remarque d'ailleurs que $C = 0$ donne une solution).

c. On sait que $\lim\limits_{x \to +\infty} e^{-\frac{x}{2}} = 0$. Donc quel que soit C, $\lim\limits_{x \to +\infty} f(x) = 0$. Il n'y a donc pas de solution vérifiant la condition $\lim\limits_{x \to +\infty} f(x) = +\infty$.

Calculs de primitives

37

☐ OK

I Primitives usuelles

Fonction f	Une primitive F	
$x \mapsto a$ (a réel)	$x \mapsto ax$	sur $\mathbb{R}$
$x \mapsto x^n$ ($n \in \mathbb{Z}\setminus\{-1\}$)	$x \mapsto \dfrac{x^{n+1}}{n+1}$	sur $\mathbb{R}$ si $n \geqslant 0$ sur $]0\,;+\infty[$ si $n < -1$
$x \mapsto \dfrac{1}{x}$	$x \mapsto \ln x$	sur $]0\,;+\infty[$
$x \mapsto \dfrac{1}{\sqrt{x}}$	$x \mapsto 2\sqrt{x}$	sur $]0\,;+\infty[$
$x \mapsto \mathrm{e}^x$	$x \mapsto \mathrm{e}^x$	sur $\mathbb{R}$
$x \mapsto \cos x$	$x \mapsto \sin x$	sur $\mathbb{R}$
$x \mapsto \sin x$	$x \mapsto -\cos x$	sur $\mathbb{R}$

II Opérations et composition

Soient u et v deux fonctions dérivables sur un intervalle I.

Fonction f	Une primitive F (sur I)
ku' (k réel)	ku
$u' + v'$	$u + v$
$u'u^n$ ($n \in \mathbb{Z}\setminus\{-1\}$)	$\dfrac{u^{n+1}}{n+1}$
$\dfrac{u'}{u}$	$\ln\lvert u\rvert$ ($\ln u$ si $u(x) > 0$ sur I, $\ln(-u)$ si $u(x) < 0$ sur I)
$\dfrac{u'}{\sqrt{u}}$	$2\sqrt{u}$
$u'\mathrm{e}^u$	e^u
$u'\cos u$	$\sin u$
$u'\sin u$	$-\cos u$

Méthode

Déterminer des primitives

Déterminer les primitives des fonctions suivantes :

a. $f(x) = 2x^3 + \frac{3}{x}$, pour tout $x \in]0;+\infty[$;

b. $g(x) = \frac{x}{(1+x^2)^3}$, pour tout $x \in \mathbb{R}$.

Conseils

Étape 1 Justifiez l'existence des primitives.
Étape 2 Déterminez s'il s'agit d'une primitive de référence ou reconnaissez une opération ou une fonction composée (dans ce cas, définir *u* et exprimer *u'*). Concluez.

SOLUTION

a. **Étape 1** La fonction *f* est continue sur $]0;+\infty[$ comme somme de fonctions continues ; elle y admet donc des primitives.

Étape 2 $x \mapsto \frac{x^4}{4}$ est une primitive de $x \mapsto x^3$ et $x \mapsto \ln x$ est une primitive de $x \mapsto \frac{1}{x}$ sur $]0;+\infty[$, donc les primitives de *f* sur $]0;+\infty[$ sont de la forme $F(x) = 2 \times \frac{x^4}{4} + 3\ln x + C = \frac{x^4}{2} + 3\ln x + C$, où C est une constante réelle.

b. **Étape 1** La fonction *g* est continue sur $\mathbb{R}$ comme quotient de fonctions continues dont le dénominateur ne s'annule pas ; elle admet donc des primitives sur $\mathbb{R}$.

Étape 2 Posons $u(x) = 1 + x^2$. La fonction u est dérivable sur $\mathbb{R}$ et $u'(x) = 2x$.

Pour tout $x \in \mathbb{R}$, $g(x) = \frac{1}{2} \times \frac{2x}{(1+x^2)^3} = \frac{1}{2}u'(x)(u(x))^{-3}$.

Donc les primitives de *g* sur $\mathbb{R}$ sont de la forme :

$$G(x) = \frac{1}{2}\frac{(1+x^2)^{-3+1}}{-3+1} + C = \frac{1}{2}\frac{(1+x^2)^{-2}}{-2} + C = -\frac{1}{4(1+x^2)^2} + C$$

où C est une constante réelle.

Quiz EXPRESS 38

Avez-vous bien révisé les fiches 35 à 37 ? On vérifie !

Primitives, équations différentielles

C désigne une constante réelle.

1 Résolution d'une équation différentielle

▶ FICHES 35 ET 36

1. Les solutions sur $\mathbb{R}$ de l'équation différentielle $2y' - 3y = 0$ sont :

☐ **a.** $x \mapsto Ce^{\frac{2}{3}x}$ ☐ **b.** $x \mapsto Ce^{-\frac{3}{2}x}$ ☐ **c.** $x \mapsto Ce^{\frac{3}{2}x}$

2. Les solutions sur $\mathbb{R}$ de l'équation différentielle $3y' - 2y = 6$ sont :

☐ **a.** $x \mapsto Ce^{\frac{2}{3}x} - 3$ ☐ **b.** $x \mapsto Ce^{\frac{2}{3}x} - \frac{1}{3}$ ☐ **c.** $x \mapsto Ce^{-\frac{2}{3}x} - 1$

2 Solutions d'une équation différentielle

▶ FICHES 35 ET 36

Si f et g sont des solutions non nulles de l'équation différentielle (E) : $y' - 3y = 0$, alors est aussi solution de (E) :

☐ **a.** $f + g$ ☐ **b.** $f \times g$ ☐ **c.** $f + C$ avec $C \neq 0$

3 Reconnaissance d'une primitive

▶ FICHES 35 ET 37

1. La fonction définie sur $]0\,;+\infty[$ par $F(x) = x\ln x - x$ est une primitive de :

☐ **a.** $x \mapsto \frac{1}{x} - 1$ ☐ **b.** $x \mapsto \ln x$ ☐ **c.** la fonction nulle

2. La fonction définie sur $\mathbb{R}$ par $F(x) = \dfrac{1}{1+e^{-x}}$ admet pour primitive :

☐ **a.** $x \mapsto \ln(1 + e^{x})$

☐ **b.** $x \mapsto -\ln(1 + e^{-x})$

☐ **c.** $x \mapsto -\dfrac{\ln(1+e^{-x})}{e^{-x}}$

CORRIGÉS

1 Résolution d'une équation différentielle

1. Réponse c. $2y' - 3y = 0 \Leftrightarrow y' = \frac{3}{2}y$. On applique le résultat du cours avec $a = \frac{3}{2}$.

2. Réponse a. $3y' - 2y = 6 \Leftrightarrow y' = \frac{2}{3}y + 2$. On applique le résultat du cours avec $a = \frac{2}{3}$ et $b = 2$.

2 Solutions d'une équation différentielle

Réponse a.

a. Vrai. Si f et g sont solutions de (E), alors $f' = 3f$ et $g' = 3g$. On a donc $(f+g)' = f' + g' = 3f + 3g = 3(f+g)$ et $f+g$ est solution de (E).

b. Faux. *Contre-exemple* : $f(x) = e^{3x}$ et $g(x) = 2e^{3x}$ sont solutions de (E). On a $(f \times g)(x) = 2e^{3x+3x} = 2e^{6x}$ et $(f \times g)'(x) = 12e^{6x} \neq 3 \times (f \times g)(x)$ pour $x \neq 0$. Donc $f \times g$ n'est pas solution de (E).

c. Faux. *Contre-exemple* : $f(x) = e^{3x}$ est solution de (E).

On a donc $f(x) + 1 = e^{3x} + 1$

et $(f(x)+1)' = f'(x) = 3e^{3x} \neq 3 \times (f(x)+1)$.

Donc $f + C$ n'est pas solution de (E).

3 Reconnaissance d'une primitive

1. Réponse b. $F'(x) = 1 \times \ln x + x \times \frac{1}{x} - 1 = \ln x$.

2. Réponse a. La fonction $f : x \mapsto \ln(1 + e^x)$ est dérivable sur $\mathbb{R}$, de dérivée $f'(x) = \frac{e^x}{1+e^x} = \frac{e^x}{e^x(e^{-x}+1)} = \frac{1}{1+e^{-x}} = F(x)$. f est bien une primitive de F.

À noter

On montre de la même façon avec les fonctions en b. et c. que leurs dérivées ne sont pas égales à F. Elles ne peuvent donc pas en être des primitives.

Définition de l'intégrale

39

☐ OK

I | Intégrale d'une fonction continue positive

Le plan est rapporté à un repère orthogonal $\left(O\,;\vec{i},\vec{j}\right)$.

- Soient I et J des points du plan tels que $\overrightarrow{OI}=\vec{i}$, $\overrightarrow{OJ}=\vec{j}$. On appelle **unité d'aire** (notée u.a.) l'aire du rectangle de longueur OI et de largeur OJ.

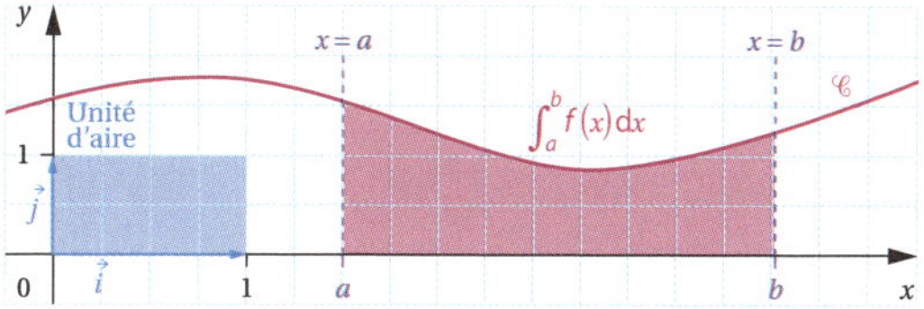

- **Définition :** Soit f une fonction continue **positive** sur $[a\,;b]$, $a \leqslant b$. On note $\mathscr{C}$ la courbe représentative de f dans $\left(O\,;\vec{i},\vec{j}\right)$.
L'**intégrale de f sur $[a\,;b]$** est l'aire, exprimée en u.a., du domaine délimité par $\mathscr{C}$, l'axe des abscisses et les droites d'équations $x = a$ et $x = b$.
On la note $\int_a^b f(t)\,\mathrm{d}t$. a et b s'appellent les bornes de l'intégrale.
- **Théorème fondamental :** Si f est une fonction continue positive sur un intervalle $[a\,;b]$, la fonction F_a définie sur $[a\,;b]$ par $F_a(x)=\int_a^x f(t)\,\mathrm{d}t$ est la primitive de f qui s'annule en a. ▶ FICHE 35

II | Intégrale d'une fonction continue de signe quelconque

- **Définition :** Soit f une fonction continue sur un intervalle I, et F une primitive de f sur I. Pour tous a, b de I, on définit $\int_a^b f(t)\,\mathrm{d}t$ par :

$$\int_a^b f(t)\,\mathrm{d}t = [F(t)]_a^b = F(b) - F(a)$$

- *Remarque* : Si f est continue **négative** sur $[a\,;b]$, alors l'intégrale de f sur $[a\,;b]$ est l'opposé de l'aire du domaine défini par $\int_a^b -f(t)\,\mathrm{d}t$.
- **Définition :** Soit f une fonction continue sur un intervalle $[a\,;b]$, $a \leqslant b$. On appelle **valeur moyenne** de f sur $[a\,;b]$ le réel :

$$\mu = \frac{1}{b-a}\int_a^b f(t)\,\mathrm{d}t$$

Méthode

Calculer l'aire d'un domaine limité par deux courbes

On considère les fonctions f et g définies sur $]0\,;+\infty[$ par :

$f(x) = x - 2 + \dfrac{\ln x}{x}$ et $g(x) = x - 2$.

On note $\mathscr{C}$ et $\mathscr{C}'$ leurs courbes respectives dans un repère orthogonal d'unités graphiques 2 cm sur l'axe des abscisses et 1 cm sur l'axe des ordonnées.

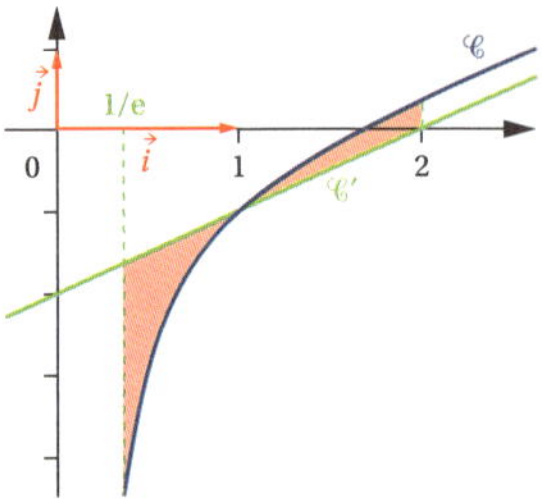

Calculer l'aire, en cm², du domaine $\mathscr{D}$ du plan limité par les courbes $\mathscr{C}$, $\mathscr{C}'$ et les droites d'équation $x = \dfrac{1}{\mathrm{e}}$ et $x = 2$.

Conseils

Étape 1 Cherchez le signe de la fonction $f - g$ sur l'intervalle $\left[\dfrac{1}{\mathrm{e}}\,;2\right]$.

Étape 2 Découpez $\left[\dfrac{1}{\mathrm{e}}\,;2\right]$ en intervalles sur lesquels le signe de $f - g$ est constant. L'aire de chacun des domaines ainsi délimités est égale à l'intégrale de $f - g$ si $f - g$ est positive, son opposé sinon.
L'aire de $\mathscr{D}$ (en u.a.) est alors la somme de l'aire de chacun des domaines.

Étape 3 Convertissez le résultat précédent en cm².

SOLUTION

Étape 1 Pour tout $x > 0$, on a $f(x) - g(x) = \dfrac{\ln x}{x} \geqslant 0 \Leftrightarrow x \geqslant 1$.

Donc, $f - g$ est négative sur $\left[\dfrac{1}{\mathrm{e}}\,;1\right]$, positive sur $[1\,;2]$.

Étape 2 On a $A = A_1 + A_2 = -\displaystyle\int_{\frac{1}{\mathrm{e}}}^{1}\left(\frac{\ln t}{t}\right)\mathrm{d}t + \int_{1}^{2}\left(\frac{\ln t}{t}\right)\mathrm{d}t$. Or une primitive de $t \mapsto \dfrac{\ln t}{t}$, fonction de la forme $u'u$ avec $u(t) = \ln t$, est $t \mapsto \dfrac{1}{2}(\ln t)^2$.

Donc $A = -\left[\dfrac{1}{2}(\ln t)^2\right]_{\frac{1}{\mathrm{e}}}^{1} + \left[\dfrac{1}{2}(\ln t)^2\right]_{1}^{2} = \dfrac{1}{2} + \dfrac{(\ln 2)^2}{2}$ u.a.

Étape 3 On a $1\text{ u.a.} = 1 \times 2\text{ cm}^2 = 2\text{ cm}^2$. Donc $A = 1 + (\ln 2)^2\text{ cm}^2$.

Propriétés de l'intégrale

40

☐ OK

I Propriétés relatives aux bornes

- Soit f une fonction continue sur un intervalle I. Pour tous a, b de I, on a :
  - $\int_a^a f(t)\,dt = 0$
  - $\int_b^a f(t)\,dt = -\int_a^b f(t)\,dt$

À noter

La variable t est muette.

On note indifféremment $\int_a^b f(t)dt$, $\int_a^b f(x)\,dx$, etc.

- **Relation de Chasles :** Soit f une fonction continue sur un intervalle I. Pour tous a, b, c de I, on a :

$$\int_a^c f(t)\,dt = \int_a^b f(t)\,dt + \int_b^c f(t)\,dt$$

II Linéarité de l'intégrale

Soient f et g des fonctions continues sur un intervalle I. Pour tous a, b de I et pour tout λ réel, on a :

- $\int_a^b (f(t)+g(t))\,dt = \int_a^b f(t)\,dt + \int_a^b g(t)\,dt$
- $\int_a^b \lambda f(t)\,dt = \lambda \int_a^b f(t)\,dt$

III Positivité et croissance de l'intégrale

Soient f et g des fonctions continues sur un intervalle $[a\,;b]$, $a \leqslant b$.

- Si $f(t) \geqslant 0$ pour tout $t \in [a\,;b]$, alors $\int_a^b f(t)\,dt \geqslant 0$
- Si $f(t) \geqslant g(t)$ pour tout $t \in [a\,;b]$, alors $\int_a^b f(t)\,dt \geqslant \int_a^b g(t)\,dt$

IV Intégration par parties

Soient u et v deux fonctions dérivables à dérivées continues sur un intervalle $[a\,;b]$, $a \leqslant b$. Alors :

$$\int_a^b u'(t)v(t)\,dt = [u(t)v(t)]_a^b - \int_a^b u(t)v'(t)\,dt$$

Méthodes

1 Majorer ou minorer une intégrale

On pose $A = \int_0^2 \frac{t^3}{1+t^2}\,dt$. Montrer que $0 \leqslant A \leqslant 4$.

Conseils

Étape 1 Encadrez la fonction $t \mapsto \frac{t^3}{1+t^2}$ sur l'intervalle d'intégration $[0\,;2]$ par des fonctions dont on sait déterminer une primitive.
Étape 2 Utilisez la positivité et la croissance de l'intégrale.

SOLUTION

Étape 1 Pour tout $t \in [0\,;2]$, $1+t^2 \geqslant 1$ donc $0 \leqslant \frac{1}{1+t^2} \leqslant 1$. t étant positif, on en déduit que pour tout $t \in [0\,;2]$, $0 \leqslant \frac{t^3}{1+t^2} \leqslant t^3$.

Étape 2 Par positivité et croissance de l'intégrale, on en déduit que $0 \leqslant \int_0^2 \frac{t^3}{1+t^2}\,dt \leqslant \int_0^2 t^3\,dt$.

Or $\int_0^2 t^3\,dt = \left[\frac{t^4}{4}\right]_0^2 = 4$. Donc $0 \leqslant A \leqslant 4$.

2 Appliquer le théorème d'intégration par parties

Calculer $\int_0^1 t\,e^t\,dt$ à l'aide d'une intégration par parties.

Conseils

Identifiez les fonctions u' et v du théorème, de telle sorte que l'intégrale $\int_0^1 u(t)v'(t)\,dt$ soit facile à calculer.

SOLUTION

Pour tout $t \in [0\,;1]$, on pose $\begin{cases} u'(t) = e^t \\ v(t) = t \end{cases}$, on a alors $\begin{cases} u(t) = e^t \\ v'(t) = 1 \end{cases}$.

Les fonctions u et v ainsi définies sont dérivables sur $[0\,;1]$ à dérivées continues. Le théorème d'intégration par parties donne donc :

$\int_0^1 t\,e^t\,dt = \left[t\,e^t\right]_0^1 - \int_0^1 e^t\,dt = e - (e-1)$ et $\int_0^1 t\,e^t\,dt = 1$.

Quiz EXPRESS 41

Avez-vous bien révisé les fiches 39 et 40 ? On vérifie !

Calcul intégral

1 Calcul d'une intégrale

▶ FICHE 39

1. Soit $I = \int_0^2 e^2 \, dt$. Alors $I = ...$

☐ **a.** $2e^2$ ☐ **b.** $e^2 - 1$ ☐ **c.** $e^4 - 1$

2. Soit $I = \int_1^x t^2 \, dt$. Alors $I = ...$

☐ **a.** $\frac{1}{3}x^3$ ☐ **b.** $\frac{1}{3}x^3 - 1$ ☐ **c.** $\frac{1}{3}(x^3 - 1)$

2 Valeur moyenne

▶ FICHE 39

1. La valeur moyenne de $x \mapsto 4x + 1$ sur $[-1\,;1]$ est :

☐ **a.** 8 ☐ **b.** 1 ☐ **c.** 0

2. La valeur moyenne de $x \mapsto \cos x$ sur $[0\,;\pi]$ est :

☐ **a.** $\frac{\pi}{2}$ ☐ **b.** $\frac{2}{\pi}$ ☐ **c.** 0

3. La valeur moyenne de $x \mapsto \sin x$ sur $[0\,;\pi]$ est :

☐ **a.** $\frac{2}{\pi}$ ☐ **b.** $\frac{\pi}{2}$ ☐ **c.** 0

3 Propriétés de l'intégrale

▶ FICHE 40

Parmi les affirmations suivantes, lesquelles sont vraies ?

☐ **a.** $A = \int_0^3 f(t)\,dt - \int_0^{-3} f(t)\,dt = \int_{-3}^3 f(t)\,dt$ avec f fonction continue sur $\mathbb{R}$.

☐ **b.** $B = \int_2^4 (\ln t)\,dt + \int_4^7 (3\ln t)\,dt = \int_2^7 (4\ln t)\,dt$.

☐ **c.** Soit g une fonction continue positive sur $[2\,;5]$, alors $\int_4^3 g(t)\,dt \geqslant 0$.

CORRIGÉS

1 Calcul d'une intégrale

1. Réponse a.

$I = \int_0^2 e^2 dt = [e^2 t]_0^2 = 2e^2.$

À noter

On intègre une fonction constante.

2. Réponse c.

$I = \int_1^x t^2 dt = \left[\frac{t^3}{3}\right]_1^x = \frac{1}{3}x^3 - \frac{1}{3}.$

2 Valeur moyenne

1. Réponse b.

$\mu = \frac{1}{1-(-1)}\int_{-1}^{1}(4x+1)\,dx = \frac{1}{2}[2x^2+x]_{-1}^{1} = \frac{3-1}{2} = 1.$

2. Réponse c. $\mu = \frac{1}{\pi - 0}\int_0^\pi \cos x\,dx = \frac{1}{\pi}[\sin x]_0^\pi = \frac{\sin\pi - \sin 0}{\pi} = 0.$

3. Réponse a.

$\mu = \frac{1}{\pi - 0}\int_0^\pi \sin x\,dx = \frac{1}{\pi}[-\cos x]_0^\pi = \frac{-\cos\pi + \cos 0}{\pi} = \frac{2}{\pi}.$

3 Propriétés de l'intégrale

a. Vrai.

$A = \int_0^3 f(t)\,dt - \left(-\int_{-3}^{0} f(t)\,dt\right)$

$= \int_{-3}^{0} f(t)\,dt + \int_0^3 f(t)\,dt = \int_{-3}^{3} f(t)\,dt.$

À noter

On utilise la relation de Chasles.

b. Faux. Pour pouvoir utiliser la relation de Chasles, la fonction à intégrer doit être la même dans les deux intégrales, ce qui n'est pas le cas ici.

c. Faux. La positivité donne $\int_3^4 g(t)\,dt \geqslant 0$ donc

$\int_4^3 g(t)\,dt = -\int_3^4 g(t)\,dt \leqslant 0.$

Schéma de Bernoulli

42

☐ OK

I | Épreuve et variable aléatoire de Bernoulli

Définition : Une **épreuve de Bernoulli** est une épreuve à deux issues : vrai/faux, pile/face, blanc/noir, etc.

On convient d'appeler « succès » et « échec » les deux résultats possibles de cette épreuve. La probabilité d'un succès est généralement notée p et la probabilité d'un échec est notée $q = 1 - p$.

Exemples d'épreuves de Bernoulli :

- On prélève une boule dans une urne contenant exclusivement des boules blanches (en proportion p) et des boules noires (en proportion q).
- On jette un dé cubique ordinaire et on appelle « succès » l'événement « on a obtenu 1 ». Alors $p = \frac{1}{6}$ et $q = \frac{5}{6}$.

Définition : Une **variable aléatoire de Bernoulli** est une variable aléatoire caractérisée par (p étant un nombre de $[0;1]$) :

- $X(\Omega) = \{0;1\}$ (X ne prend que deux valeurs) ;
- $P(X = 1) = p$ et donc $P(X = 0) = 1 - p = q$.

II | Schéma de Bernoulli

Définition : Un **schéma de Bernoulli** est la répétition de la même épreuve de Bernoulli un certain nombre de fois (noté n), chaque fois étant indépendante des autres.

On peut schématiser la succession d'épreuves par un arbre de probabilités, d'où le terme de « schéma ».

Un schéma de Bernoulli est donc caractérisé par deux conditions :

- un nombre fixé de répétitions (noté n) de la même épreuve de Bernoulli ;
- les n répétitions sont indépendantes les unes des autres.

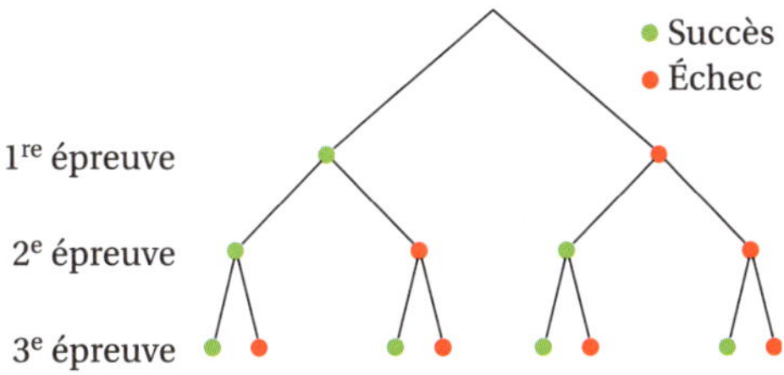

Méthodes

1 Reconnaître un schéma de Bernoulli

Dans les situations suivantes, dire s'il est possible d'utiliser un schéma de Bernoulli pour les modéliser.

a. Le nombre de jets d'un dé cubique nécessaires pour obtenir un 6 pour la première fois.

b. Le nombre de filles dans une famille de quatre enfants.

c. Le nombre de boules blanches obtenues lors du tirage de 3 boules dans une urne comportant 4 boules blanches et 6 boules noires.

Conseils

a. et b. Vérifiez si chaque situation répond aux conditions caractéristiques d'un schéma de Bernoulli.

c. Discutez selon la nature des tirages : avec ou sans remise.

SOLUTION

a. **Il n'est pas possible d'utiliser un schéma de Bernoulli** car le nombre de répétitions de l'épreuve (lancer d'un dé) n'est pas fixé.

b. Si on suppose que dans une fratrie les sexes des enfants sont indépendants les uns des autres, **on peut utiliser un schéma de Bernoulli** pour connaître le nombre de filles. L'épreuve de Bernoulli de base est l'identification du sexe de l'enfant : F ou G. On la répète 4 fois.

c. Si on effectue les tirages *avec remise*, **on peut modéliser la situation par un schéma de Bernoulli**, l'épreuve de base étant l'identification de la couleur : B ou N. Si on effectue les tirages *sans* remise **on ne peut pas utiliser un schéma de Bernoulli** car dans ce cas les tirages ne sont pas indépendants, l'issue d'un tirage dépend de la composition de l'urne, variable d'un tirage à l'autre.

2 Représenter un schéma de Bernoulli par une suite

On lance une pièce de monnaie 5 fois, les lancers étant indépendants.

En utilisant les lettres P et F décrire par une suite tous les lancers où F apparaît au plus deux fois à un lancer impair.

Conseils

« Au plus deux fois » signifie « 0 fois ou une fois ou deux fois ».

SOLUTION

Lancers comportant 0 fois F : PPPPP. Lancers comportant une seule fois F aux rangs impairs : FPPPP, PPFPP et PPPPF. Lancers comportant exactement deux fois F aux rangs impairs : FPFPP, FPPPF et PPFPF.

Succession d'épreuves

43

☐ OK

I Représentation d'une succession d'épreuves par un arbre

- En général, lorsqu'on représente par un arbre une succession d'épreuves aléatoires qui dépendent l'une de l'autre, les probabilités sur les branches diffèrent à chaque nœud.
- On calcule les probabilités des événements aux extrémités des branches en multipliant les probabilités sur les branches qui y conduisent, comme indiqué sur la figure ci-dessous $\left(A_2 = \overline{A}_1\right)$.

Rappel

La somme des probabilités des branches issues d'un même nœud est égale à 1.

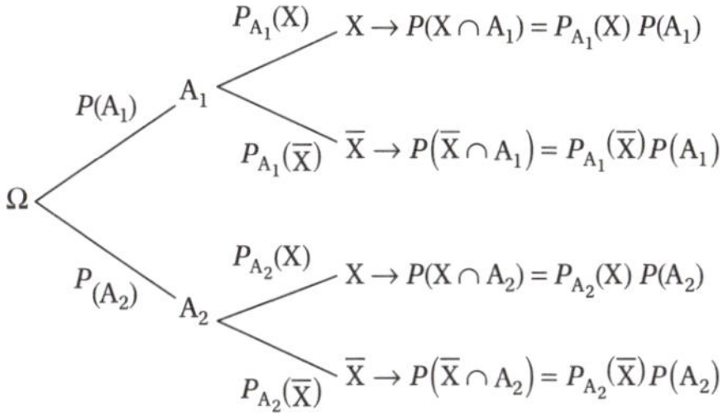

II Exemple de tirages successifs sans remise

- On effectue deux tirages successifs sans remise d'une boule dans une urne comportant v boules vertes et r boules rouges.
- On note A_1 (respectivement A_2) l'événement « on a tiré une boule verte (respectivement rouge) au premier tirage » et X l'événement « on a tiré une boule rouge au deuxième tirage ». On obtient l'arbre précédent. On a alors $P(A_1) = \dfrac{v}{v+r}$, $P(A_2) = \dfrac{r}{v+r}$.
- La probabilité de tirer une boule rouge au deuxième tirage dépend de la composition de l'urne à ce tirage. Cette composition est conditionnée par le tirage précédent. Par exemple, $P_{A_1}(X) = \dfrac{r}{v+r-1}$.

Remarque : On généralise le principe de l'arbre précédent à un nombre quelconque d'événements $A_1, A_2, \ldots, A_k$ formant une partition de Ω.

Méthode

Modéliser une suite d'épreuves à l'aide d'un arbre

On choisit l'une des trois urnes ci-dessous au hasard. On tire alors une boule. Soit X l'événement « la boule tirée est noire ».

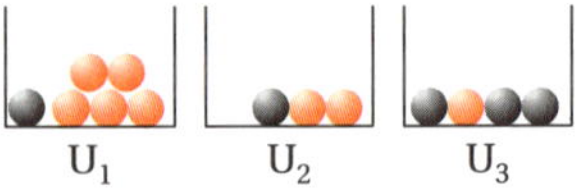

a. Modéliser l'expérience à l'aide d'un arbre.

b. Calculer $P(X)$.

Conseils

a. Lorsqu'on choisit l'urne au hasard, chacune a la même probabilité d'être choisie. On utilise alors le principe de l'arbre développé dans la fiche.

b. Utilisez la formule des probabilités totales.

SOLUTION

a. Si l'urne choisie est U_1 alors la probabilité de tirer une boule noire est égale à $\frac{1}{6}$ car il y a une boule noire dans les six boules de l'urne.

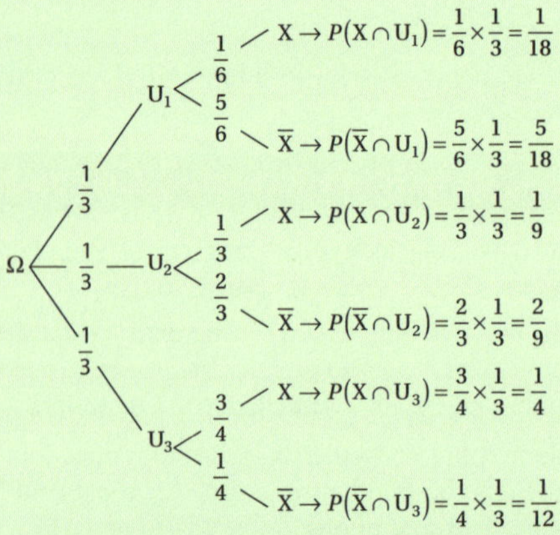

b. En sommant les probabilités écrites aux extrémités des branches ayant un X terminal on trouve :

$P(X) = \frac{1}{18} + \frac{1}{9} + \frac{1}{4} = \frac{2}{36} + \frac{4}{36} + \frac{9}{36} = \frac{15}{36}$.

Loi binomiale

44

☐ OK

I Expérience aléatoire et loi binomiale

Considérons une expérience aléatoire qui consiste à répéter n fois une même action, les répétitions étant indépendantes. Une action produit un succès avec une probabilité p.

Soit X la variable aléatoire comptant le nombre de succès au cours des n répétitions. La loi de X est la **loi binomiale** de paramètres n et p et on a :

- $X(\Omega) = \{0, 1, 2, \ldots, n\} = [\![0 ; n]\!]$;
- pour tout $k \in X(\Omega)$:

$$P(X = k) = \binom{n}{k} p^k (1-p)^{n-k} = \binom{n}{k} p^k q^{n-k}$$

où $\binom{n}{k}$ est un **coefficient binomial** ▶ FICHE 2.

À noter
Les crochets doubles indiquent qu'on considère les entiers entre 0 et n.

On écrit que X suit la loi $\mathcal{B}(n ; p)$, en abrégé : $X \sim \mathcal{B}(n ; p)$.

La loi binomiale formalise un schéma de Bernoulli à n répétitions.

Une loi de Bernoulli est une loi binomiale de paramètres 1 et p.

À noter
On pose habituellement $q = 1 - p$.

II Exemples de lois binomiales et calculatrice

Une même loi binomiale décrit de nombreuses expériences aléatoires différentes. Par exemple, la loi binomiale $\mathcal{B}(5 ; 0,6)$ est la loi de la variable aléatoire :

- comptant le nombre de « pile » obtenus en 5 lancers d'une pièce de monnaie truquée telle que la probabilité de « pile » soit égale à 0,6 ;
- comptant le nombre de boules blanches obtenues lors d'un tirage avec remise de cinq boules dans une urne contenant 60 % de boules blanches et 40 % de boules noires.

Mot clé
La loi binomiale s'appelle aussi la loi du nombre de succès au cours d'une répétition de n épreuves identiques et indépendantes.

Méthode

Identifier les paramètres *n* et *p* d'une loi binomiale

Des coques pour téléphone sont produites à 70 % par une machine A et à 30 % par une machine B. 5 % des coques A et 10 % des coques B ont un défaut.

a. On prélève une coque au hasard dans un stock. Quelle est la probabilité qu'elle ait un défaut ?

b. On choisit dix coques dans un stock. Celui-ci est suffisamment important pour que l'on puisse assimiler ce choix à dix tirages avec remise indépendants d'une coque. Quelle est la probabilité d'avoir au moins deux coques ayant un défaut ? Donner une valeur approchée à 10^{-4} en utilisant la calculatrice.

Conseils

a. Appliquez la formule des probabilités totales, éventuellement en utilisant un arbre.

b. Utilisez une loi binomiale et pensez à l'événement contraire de l'événement « au moins deux coques ».

SOLUTION

a. L'arbre ci-contre résume la situation, sachant que D est l'événement « la coque présente un défaut ». Par la formule des probabilités totales on a donc :

$P(\text{D}) = 0{,}05 \times 0{,}7 + 0{,}1 \times 0{,}3 = 0{,}06$.

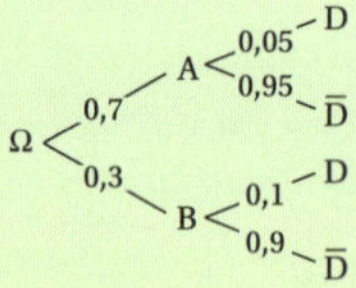

À noter

L'événement A (respectivement B) est « la coque est produite par la machine A (la machine B) » et $\text{B} = \overline{\text{A}}$.

b. Soit X la variable aléatoire comptant le nombre de coques ayant un défaut quand on en prélève dix avec remise au hasard dans le stock. On peut donc considérer que la probabilité pour qu'une coque prélevée soit défectueuse est égale à 0,065. On en déduit que la loi de X est la loi binomiale de paramètres 10 et 0,065.

On cherche donc $P(X \geqslant 2)$ et on trouve :

$P(X \geqslant 2) = 1 - P(X < 2) = 1 - (P(X = 0) + P(X = 1))$.

La calculatrice donne : $P(X = 0) + P(X = 1) \approx 0{,}8656$.

Par conséquent $P(X \geqslant 2) \approx 1 - 0{,}8656$, soit $P(X \geqslant 2) \approx 0{,}1344$.

Quiz EXPRESS 45

Avez-vous bien révisé les fiches 42 à 44 ? On vérifie !

Schéma de Bernoulli, loi binomiale

1 Schéma de Bernoulli

▶ FICHE 42

Parmi les affirmations suivantes, lesquelles sont vraies ?

☐ **a.** Dans un schéma de Bernoulli à n répétitions chaque répétition peut avoir trois issues.

☐ **b.** Un schéma de Bernoulli à n répétitions conduit à 2^n résultats élémentaires.

☐ **c.** On peut modéliser l'expérience consistant à lancer un dé 10 fois et à considérer le nombre de sorties du six par un schéma de Bernoulli.

2 Répétitions d'épreuves

▶ FICHE 43

On effectue, dans une urne contenant 4 boules blanches et 6 boules noires, un tirage de trois boules une à une et sans remise (on note les événements NNB, BBN...). Parmi les affirmations suivantes, lesquelles sont vraies ?

☐ **a.** On obtient le même modèle si on effectue une prise de trois boules simultanément.

☐ **b.** La couleur de la troisième boule est indépendante de la couleur de la première.

☐ **c.** Les événements BNN et NBN sont équiprobables.

3 Connaître une loi binomiale

▶ FICHE 44

Soit X une variable aléatoire qui suit une loi binomiale $\mathscr{B}(n\,;p)$. Alors, parmi les affirmations suivantes, lesquelles sont vraies ?

☐ **a.** Il est possible que $n = 0{,}3$.

☐ **b.** Il est possible que $p = 10$.

☐ **c.** $P(X \leqslant n) = P(X \geqslant 0) = 1$.

☐ **d.** Si $n = 8$, alors $P(X = 3) = P(X = 5)$.

CORRIGÉS

1 Schéma de Bernoulli

Réponses b et c.

L'affirmation **a.** est fausse, en effet, par définition on répète des épreuves de Bernoulli à deux issues.

L'affirmation **b.** est vraie, à chaque répétition il y a deux fois plus d'événements élémentaires.

L'affirmation **c.** est vraie, le succès est alors « on a obtenu six ».

2 Répétitions d'épreuves

Réponses a et c.

L'affirmation **b.** est fausse. Puisque les tirages s'effectuent sans remise, alors à chaque tirage à partir du deuxième, la composition de l'urne dépend de la couleur de la boule tirée précédemment.

L'affirmation **c.** est vraie car $P(\text{BNN}) = \frac{4}{10} \times \frac{6}{9} \times \frac{5}{8}$ et $P(\text{NBN}) = \frac{6}{10} \times \frac{4}{9} \times \frac{5}{8}$.

3 Connaître une loi binomiale

Réponse c. En effet, il est certain que le nombre de succès est supérieur ou égal à 0 et aussi inférieur ou égal à n.

L'affirmation **a.** est fausse, n est le nombre de répétitions.

L'affirmation **b.** est fausse, p est une probabilité, donc on a $0 \leqslant p \leqslant 1$.

L'affirmation **d.** est fausse. Cela n'est vrai que si et seulement si $p = \frac{1}{2}$ car alors

$$P(X = 3) = \binom{8}{3}\left(\frac{1}{2}\right)^3\left(\frac{1}{2}\right)^5 = \binom{8}{3}\left(\frac{1}{2}\right)^8 = \binom{8}{5}\left(\frac{1}{2}\right)^8 = P(X = 5).$$

À noter

Pour tous entiers n et k, $\binom{n}{n-k} = \binom{n}{k}$ pourvu que $k \leqslant n$.

Somme de deux variables aléatoires

46

☐ OK

On peut définir une nouvelle variable aléatoire en additionnant plusieurs variables aléatoires.

I Définition et espérance

- Si X et Y sont deux variables aléatoires définies sur le même univers Ω, la **somme des variables aléatoires X et Y** est la variable aléatoire notée $X + Y$ définie par :

$$\text{pour tout } \omega \text{ dans } \Omega, (X+Y)(\omega) = X(\omega) + Y(\omega)$$

Cette définition s'étend à la somme d'un nombre quelconque n de variables aléatoires $X_1, X_2, \ldots, X_n$ définies sur le même univers.

- Si X et Y sont deux variables aléatoires définies sur le même univers Ω, alors l'**espérance $E(X+Y)$** de leur somme est :

$$E(X+Y) = E(X) + E(Y)$$

À noter

La propriété s'étend à la somme d'un nombre quelconque de variables aléatoires.

- Si X est une variable aléatoire et a un nombre réel, alors :

$$E(aX) = aE(X)$$

On dit que l'espérance est **linéaire**.

Remarque : On a aussi $E(X-Y) = E(X) - E(Y)$.

II Variance et variables aléatoires indépendantes

- Pour toute variable aléatoire X et tout réel a : $V(aX) = a^2V(X)$.
- Deux variables aléatoires X et Y, définies sur le même univers muni d'une probabilité P, sont **indépendantes** si et seulement si la connaissance de la valeur prise par l'une de ces deux variables n'influe pas sur la probabilité que l'autre variable prenne une valeur donnée, autrement dit si, pour tous réels a et b :
$P(X = a \text{ et } Y = b) = P(X = a) \times P(Y = b)$.

À noter

Deux variables aléatoires **indépendantes** X et Y sont souvent associées à deux épreuves successives indépendantes, identiques ou non.

- Si deux variables aléatoires X et Y définies sur le même univers sont **indépendantes**, alors leur **variance** vérifie :

$$V(X+Y) = V(X) + V(Y)$$

Méthode

Calculer l'espérance et la variance de la somme de deux variables aléatoires

On lance deux dés équilibrés, un dé rouge cubique dont les faces sont numérotées de 1 à 6 et un dé vert à 4 faces numérotées de 1 à 4. On note X_1 le résultat affiché par le dé rouge et X_2 le résultat affiché par le dé vert. On pose $S = X_1 + X_2$.

a. Calculer de deux manières différentes l'espérance de S.

b. Calculer la variance de S.

Conseils

a. Utilisez directement la loi de S, ou bien les espérances de X_1 et X_2 et la linéarité de l'espérance.

b. Justifiez le fait que X_1 et X_2 sont indépendantes et utiliser leur variance.

SOLUTION

a. • **Méthode 1 – Calcul direct**

Le tableau suivant résume la loi de S :

x	2	3	4	5	6	7	8	9	10
$P(S = x)$	$\frac{1}{24}$	$\frac{2}{24}$	$\frac{3}{24}$	$\frac{4}{24}$	$\frac{4}{24}$	$\frac{4}{24}$	$\frac{3}{24}$	$\frac{2}{24}$	$\frac{1}{24}$

D'où $E(S) = \dfrac{1 \times 2 + 2 \times 3 + 3 \times 4 + \ldots + 1 \times 10}{24} = \dfrac{144}{24} = 6$.

• **Méthode 2 – Utilisation de la linéarité de l'espérance**

$E(X_1) = \dfrac{1+2+3+4+5+6}{6} = \dfrac{7}{2}$ et $E(X_2) = \dfrac{1+2+3+4}{4} = \dfrac{5}{2}$.

$E(S) = E(X_1 + X_2) = E(X_1) + E(X_2) = \dfrac{7}{2} + \dfrac{5}{2} = 6$.

b. Les variables aléatoires X_1 et X_2 sont indépendantes, donc :
$V(S) = V(X_1 + X_2) = V(X_1) + V(X_2)$.

$V(X_1) = E(X_1^2) - [E(X_1)]^2 = \dfrac{91}{6} - \dfrac{49}{4} = \dfrac{35}{12}$.

Par la même méthode : $V(X_2) = \dfrac{5}{4}$.

D'où $V(S) = \dfrac{35}{12} + \dfrac{5}{4} = \dfrac{25}{6}$.

À noter

On peut donc calculer l'espérance et la variance d'une variable aléatoire sans en déterminer la loi.

Application à la loi binomiale

47

☐ OK

I Loi de Bernoulli, espérance et variance (rappel)

- Soit un nombre réel $p \in [0;1]$.

La variable aléatoire X suit la **loi de Bernoulli de paramètre p** si et seulement si $P(X=1)=p$ et $P(X=0)=1-p$.

> **Mot clé**
> p est la probabilité de succès.

- Si X suit la loi de Bernoulli de paramètre p, alors son espérance est $E(X)=p$ et sa variance est $V(X)=p(1-p)$.

II Loi binomiale, espérance et variance

- Soit n un entier naturel supérieur ou égal à 2, $p \in [0;1]$ et X une variable aléatoire suivant la loi binomiale de paramètres n et p.

X est la somme de n variables aléatoires indépendantes X_1, X_2, ..., X_n suivant la même loi de Bernoulli de paramètre p prenant la valeur 1 en cas de succès, la valeur 0 en cas d'échec.

- D'après les propriétés de la somme de variables aléatoires indépendantes ▶ FICHE 46, on en déduit son espérance $E(X)$ et sa variance $V(X)$:

$$E(X)=np \text{ et } V(X)=np(1-p)$$

- *Remarque* : Soit n un entier naturel supérieur ou égal à 2 et p un réel de l'intervalle $[0;1]$. Deux variables aléatoires suivant respectivement la loi binomiale de paramètres n et p et la loi binomiale de paramètres n et $1-p$ ont la même variance (et donc la même « dispersion »). Les diagrammes en bâtons qui les représentent sont symétriques l'un de l'autre par rapport à la droite d'équation $x=\frac{n}{2}$.

Exemple : Deux lois binomiales « symétriques », $n=24$, $p=0{,}3$ et $p=0{,}7$, symétrie par rapport à la droite d'équation $x=12$.

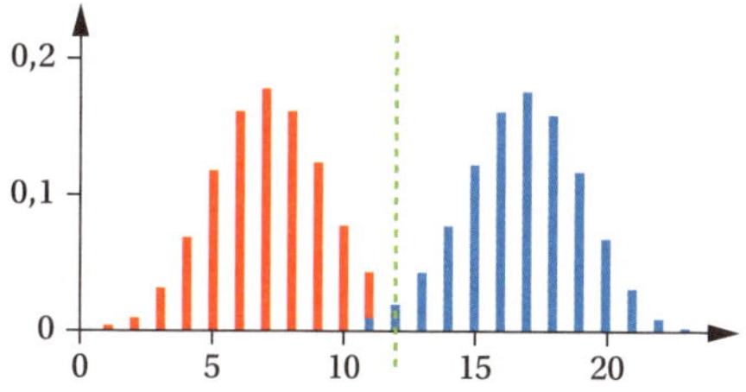

Méthode

Déterminer et interpréter l'espérance d'une variable aléatoire suivant une loi binomiale

Dans un grand magasin, chaque client reçoit, lors du paiement de ses achats, un ticket de participation à une loterie ; 16 % des tickets distribués permettent de gagner un bon d'achat de 8 €.

On suppose que les tickets distribués sont indépendants les uns des autres, et que leur nombre est suffisamment grand pour que la distribution puisse être assimilée à un tirage avec remise.

Le directeur du magasin a prévu un budget de 200 € par tranche de 150 clients et souhaite savoir si ce budget est raisonnable ; il effectue à l'aide d'un logiciel une simulation de la distribution de 150 tickets indépendants les uns des autres.

On appelle X la variable aléatoire égale au nombre de tickets gagnants sur les 150 de la simulation.

a. Reconnaître la loi de X et préciser ses paramètres.

b. Calculer l'espérance $E(X)$ de la variable aléatoire X.

c. Le budget prévisionnel paraît-il suffisant ?

Conseils

c. Calculez la somme moyenne distribuée par le magasin par tranche de 150 clients et comparez cette somme au budget prévisionnel.

SOLUTION

a. L'expérience peut être considérée comme la répétition de 150 épreuves de Bernoulli identiques et indépendantes ; le succès est « le ticket est gagnant », la probabilité de succès est 0,16 puisque 16 % des tickets sont gagnants.
La variable aléatoire X compte le nombre de succès, donc **X suit la loi binomiale de paramètres 150 et 0,16**.

b. X suit une loi binomiale de paramètres n et p, donc $E(X) = np$ avec $n = 150$ et $p = 0{,}16$. D'où $E(X) = 150 \times 0{,}16$, soit **$E(X) = 24$**.

c. Le résultat de la question précédente signifie qu'il y a en moyenne 24 clients gagnants par tranche de 150 clients.
Le magasin donne 8 € à chacun de ces gagnants.
$24 \times 8 = 192$, donc le magasin distribue en moyenne 192 € par tranche de 150 clients.
$192 < 200$, donc **le budget prévisionnel devrait être suffisant**.

Échantillon de taille n d'une loi de probabilité

48

☐ OK

I Taille d'un échantillon

- Une loi de probabilité étant donnée, on appelle échantillon de taille n (ou n-échantillon) de cette loi une liste $(X_1, X_2, \ldots, X_n)$ de n variables aléatoires indépendantes et identiques suivant cette loi.
- Une suite x_1 ; x_2 ; … ; x_n de valeurs prises par les variables aléatoires X_i $(1 \leqslant i \leqslant n)$ est une réalisation de l'échantillon.
- Dans toute cette fiche, n est un entier naturel supérieur ou égal à 2. On suppose usuellement que la taille n de l'échantillon est « beaucoup plus petite » que celle de la population.

À noter

Toute **réalisation** de l'échantillon peut être assimilée à une suite de tirages « avec remise » ; la « remise » entre deux tirages successifs correspond à l'indépendance des variables aléatoires $X_1, X_2, \ldots, X_n$.

II Somme et moyenne d'un échantillon

1 Définition de la somme et de la moyenne

- Soit $(X_1, X_2, \ldots, X_n)$ un échantillon de taille n d'une loi de probabilité.

On pose $S_n = X_1 + X_2 + \ldots + X_n$ (somme) et $M_n = \dfrac{S_n}{n}$ (moyenne).

- Les variables aléatoires $X_1, X_2, \ldots, X_n$ ont la même espérance, notée m, la même variance, notée σ^2, et le même écart type, noté σ.

2 Espérance

D'après les propriétés de l'espérance : $E(S_n) = nm$ et $E(M_n) = m$

3 Variance

- D'après les propriétés de la variance : $V(S_n) = n\sigma^2$ et $V(M_n) = \dfrac{1}{n}\sigma^2$
- On en déduit les écarts types : $\sigma(S_n) = \sqrt{n}\sigma$ et $\sigma(M_n) = \dfrac{\sigma}{\sqrt{n}}$.
- *Remarque* : Lorsque n augmente, $V(M_n)$ et $\sigma(M_n)$ diminuent. La dispersion de la moyenne M_n diminue ▶ FICHES 50 ET 51.

Méthode

Déterminer l'espérance et la variance de la moyenne de deux variables aléatoires identiques et indépendantes

Soit X_1 et X_2 deux variables aléatoires indépendantes suivant la loi uniforme sur $\{2, 3, 6, 8, 11\}$. On note M_2 la moyenne de X_1 et X_2 : $M_2 = \frac{X_1 + X_2}{2}$.

a. Calculer l'espérance $E(M_2)$ et la variance $V(M_2)$ de M_2 à partir de celles de X_1 et X_2.

b. Établir la loi de M_2 et retrouver la valeur de son espérance.

Conseils

b. Utilisez un tableau à double entrée, ou bien listez tous les couples possibles pour $(X_1 ; X_2)$.

SOLUTION

a. $E(M_2) = E(X_1) = E(X_2) = m$ et $m = \frac{2+3+6+8+11}{5} = 6$.

L'espérance de M_2 est donc égale à 6.

Si on pose $V(X_1) = V(X_2) = \sigma^2$, alors $V(M_2) = \frac{\sigma^2}{2}$.

$\sigma^2 = E(X_1^2) - [E(X_1)]^2$, donc $\sigma^2 = \frac{4+9+36+64+121}{5} - 36$; $\sigma^2 = 10{,}8$.

D'où $V(M_2) = \frac{10{,}8}{2} = 5{,}4$.

b. En listant les 25 couples (tous équiprobables) de valeurs possibles pour $(X_1 ; X_2)$, on obtient la loi de M_2.

x	2	2,5	3	4	4,5	5	5,5
$P(M_2 = x)$	$\frac{1}{25}$	$\frac{2}{25}$	$\frac{1}{25}$	$\frac{2}{25}$	$\frac{2}{25}$	$\frac{2}{25}$	$\frac{2}{25}$

x	6	6,5	7	8	8,5	9,5	11
$P(M_2 = x)$	$\frac{1}{25}$	$\frac{2}{25}$	$\frac{4}{25}$	$\frac{1}{25}$	$\frac{2}{25}$	$\frac{2}{25}$	$\frac{1}{25}$

D'où l'espérance de M_2 :

$$E(M_2) = \frac{1\times 2 + 2\times 2{,}5 + 1\times 3 + \ldots + 2\times 9{,}5 + 1\times 11}{25} = 6.$$

Quiz EXPRESS 49

Avez-vous bien révisé les fiches 46 à 48 ? On vérifie !

Sommes de variables aléatoires

1 Somme de variables aléatoires

▶ FICHE 46

Soit X et Y deux variables aléatoires définies sur le même univers Ω. La variance de $X+Y$, notée $V(X+Y)$, est égale à :

☐ a. $V(X) \times V(Y)$

☐ b. $V(X)+V(Y)$ dans tous les cas.

☐ c. $V(X)+V(Y)$ si X et Y sont indépendantes.

2 Application à la loi binomiale

▶ FICHE 47

1. Si X est la variable aléatoire égale au nombre de succès lors de la répétition de 60 épreuves de Bernoulli identiques et indépendantes de probabilité de succès 0,2, son espérance est :

☐ a. 9,6 ☐ b. 12 ☐ c. 48

2. X suit la loi binomiale de paramètres n et p, son espérance est égale à 36 et écart type égal à 3, alors :

☐ a. $n = 108$ ☐ b. $p = 0{,}25$ ☐ c. $p = 0{,}75$

3 *n*-échantillon d'une loi de probabilité

▶ FICHE 48

Soit n et k deux entiers naturels supérieurs ou égaux à 2 et $X_1, X_2, \ldots, X_n$ n variables aléatoires indépendantes suivant la loi uniforme de paramètre k, c'est-à-dire la loi uniforme sur $\{1, 2, \ldots, k\}$. On pose $S_n = X_1 + X_2 + \ldots + X_n$ et $M_n = \dfrac{S_n}{n}$.

1. L'espérance $E(S_n)$ de S_n est égale à :

☐ a. $n\dfrac{k+1}{2}$ ☐ b. $k\dfrac{n+1}{2}$ ☐ c. $\dfrac{k+1}{2}$

2. La variance $V\left(M_n\right)$ de M_n est égale à :

☐ a. $\dfrac{k^2-1}{12}$ ☐ b. $\dfrac{k^2-1}{12n}$ ☐ c. $\dfrac{n^2-1}{12k}$

CORRIGÉS

1 Somme de variables aléatoires

Réponse c. Contre-exemple : on lance un dé équilibré dont les faces sont numérotées de 1 à 6. On appelle X la variable aléatoire égale au numéro de la face visible et Y la variable aléatoire qui prend la valeur 3 si on obtient un multiple de 3 et la valeur 1 sinon. X et Y ne sont pas indépendantes ; la valeur prise par Y dépend directement de celle prise par X. Par exemple :

$P(X = 1 \text{ et } Y = 3) = 0$ et $P(X = 1) \times P(Y = 3) = \frac{1}{6} \times \frac{1}{3} \neq 0$.

$V(X) = \frac{35}{12}$; $V(Y) = \frac{8}{9}$; $V(X + Y) = \frac{185}{36}$

$V(X) \times V(Y) = \frac{70}{27}$; $V(X) + V(Y) = \frac{137}{36}$

Donc $V(X + Y)$ n'est égal ni à $V(X) \times V(Y)$, ni à $V(X) + V(Y)$.

Les réponses **a** et **b** sont donc fausses.

2 Application à la loi binomiale

1. **Réponse b.** X suit la loi binomiale de paramètres $n = 60$ et $p = 0{,}2$. Son espérance est $n \times p$, soit $E(X) = 12$.

2. **Réponse c.** X suit la loi $\mathcal{B}(n\,;p)$, donc son espérance est $np = 36$.

Si son écart type est 3, alors sa variance est $np(1 - p) = 9$.

On en déduit $1 - p = \frac{9}{36} = \frac{1}{4}$ et $p = \frac{3}{4} = 0{,}75$. D'où $n = \frac{36}{p} = 48$.

3 *n*-échantillon d'une loi de probabilité

1. **Réponse a.** D'après le cours : $E(S_n) = n \times E(X_1)$.

Or, puisque X_1 suit la loi uniforme sur $\{1, 2, \ldots, k\}$, $E(X_1) = \frac{k+1}{2}$.

Alors l'espérance de S_n est $E(S_n) = n\frac{k+1}{2}$.

2. **Réponse b.** D'après le cours : $V(M_n) = \frac{V(X_1)}{n}$.

Puisque X_1 suit la loi uniforme sur $\{1, 2, \ldots, k\}$, $V(X_1) = \frac{k^2 - 1}{12}$.

Alors la variance de M_n est $V(M_n) = \frac{1}{n}\,\frac{k^2 - 1}{12} = \frac{k^2 - 1}{12n}$.

Inégalité de Bienaymé-Tchebychev Inégalité de concentration

50

☐ OK

I Inégalité de Markov

- Si X est une variable aléatoire **à valeurs positives** et si $E(X)$ désigne son espérance, alors, pour tout réel a strictement positif :

$$P(X \geqslant a) \leqslant \frac{E(X)}{a}$$

- En notant μ l'espérance de X, cette inégalité est parfois écrite :

$$\text{pour tout réel } k > 0,\ P(X \geqslant k\mu) \leqslant \frac{1}{k}.$$

On en déduit que la probabilité que X prenne une valeur supérieure ou égale au double de son espérance est inférieure ou égale à 0,5.

II Inégalité de Bienaymé-Tchebychev

- L'inégalité de Bienaymé-Tchebychev permet de majorer la probabilité qu'une variable aléatoire X s'écarte de son espérance d'une quantité supérieure ou égale à une valeur donnée.
- Si X est une variable aléatoire d'espérance μ et de variance V, alors, pour tout réel $\delta > 0$:

$$P(|X-\mu| \geqslant \delta) \leqslant \frac{V}{\delta^2}$$

- On peut aussi l'écrire : pour tout réel $k > 0$, $P\left(|X-\mu| \geqslant k\sqrt{V}\right) \leqslant \frac{1}{k^2}$.

III Une inégalité de concentration pour la moyenne

Soit n un entier supérieur ou égal à 2 et $(X_1, X_2, \ldots, X_n)$ un échantillon de taille n d'une loi de probabilité d'espérance μ et de variance V.

On note M_n la moyenne de cet échantillon, c'est-à-dire

$$M_n = \frac{X_1 + X_2 + \ldots + X_n}{n}.$$

Alors, pour tout réel $\delta > 0$:

$$P(|M_n - \mu| \geqslant \delta) \leqslant \frac{V}{n\delta^2}$$

À noter

Ce résultat est une conséquence directe de l'inégalité de Bienaymé-Tchebychev et du fait que la variance de M_n est $V(M_n) = \frac{V}{n}$.

Méthode

Définir une taille d'échantillon en fonction de la précision et du risque choisis

Pour une certaine variété de pois de senteur, la probabilité d'obtenir une fleur blanche est égale à 0,25, la probabilité d'obtenir une fleur rose ou rouge est 0,75.

Combien faut-il observer de fleurs de cette espèce pour que la fréquence de fleurs blanches soit comprise entre 0,2 et 0,3 avec une probabilité supérieure ou égale à 0,99 ?

Conseils

- En appelant n la taille de l'échantillon, c'est-à-dire le nombre de fleurs à observer, introduisez la variable aléatoire égale à la fréquence de fleurs blanches dans un échantillon de taille n et déterminez, en fonction de n, l'espérance et la variance de cette variable aléatoire.
- Utilisez ensuite l'inégalité de Bienaymé-Tchebychev.

SOLUTION

- Soit n le nombre de fleurs à observer, F_n et X_n la fréquence et le nombre de fleurs blanches dans un échantillon de taille n. $F_n = \dfrac{X_n}{n}$ et X_n suit la loi $\mathcal{B}(n\,;0{,}25)$, $\mathrm{E}(F_n) = 0{,}25$.

$V(X_n) = n \times 0{,}25 \times 0{,}75 = 0{,}1875n$ et $V(F_n) = \dfrac{V(X_n)}{n^2} = \dfrac{0{,}1875}{n}$.

- $0{,}2 < F_n < 0{,}3$ équivaut à $|F_n - 0{,}25| < 0{,}05$.

On cherche donc n tel que $P(|F_n - 0{,}25| < 0{,}05) \geqslant 0{,}99$.

Cette condition équivaut $P(|F_n - 0{,}25| \geqslant 0{,}05) \leqslant 0{,}01$ (*).

Or l'inégalité de Bienaymé-Tchebychev dit que, pour tout $\delta > 0$:

$P(|F_n - \mu| \geqslant \delta) \leqslant \dfrac{V}{\delta^2}$, avec $\mu = 0{,}25$, $V = \dfrac{0{,}1875}{n}$, et $\delta = 0{,}05$, on a :

$P(|F_n - 0{,}25| \geqslant 0{,}05) \leqslant \dfrac{0{,}1875}{n0{,}05^2}$.

- On cherche n tel que (*) soit vérifiée, il suffit donc que n vérifie $\dfrac{0{,}1875}{n0{,}05^2} \leqslant 0{,}01$, soit $n \geqslant \dfrac{0{,}1875}{0{,}01 \times 0{,}05^2}$ c'est-à-dire $n \geqslant 7\,500$.

Si on observe **au moins 7 500 fleurs**, la fréquence de fleurs blanches est comprise entre 0,2 et 0,3 avec une probabilité supérieure ou égale à 0,99.

Remarque : 0,05 est la **précision** choisie (écart maximal par rapport à l'espérance) et 0,01 est le **risque** choisi.

Loi des grands nombres

51

☐ OK

I Loi des grands nombres

- Soit $(X_n)_{n\in\mathbb{N}^*}$ une suite de variables aléatoires deux à deux indépendantes et de même loi. Pour tout entier $n \geqslant 2$, on note $M_n = \dfrac{X_1 + X_2 + \ldots + X_n}{n}$. Alors, pour tout réel $\varepsilon > 0$:

$$\lim_{n\to+\infty} P(|M_n - \mu| \geqslant \varepsilon) = 0$$

Remarque : On dit que la suite (M_n) converge en probabilité vers μ.

- Pour tout entier n supérieur ou égal à 2, $(X_1, X_2, \ldots, X_n)$ est un échantillon de taille n de la loi de probabilité, M_n est la moyenne de cet échantillon.

Remarque : Si on pose $S_n = X_1 + X_2 + \ldots + X_n = nM_n$, alors :

$$P(|M_n - \mu| \geqslant \varepsilon) = P(|S_n - n\mu| \geqslant n\varepsilon).$$

À noter

La loi énoncée ici est appelée « loi faible des grands nombre ». Il existe une « loi forte des grands nombres », correspondant à une convergence « plus forte » que la convergence en probabilité, c'est-à-dire entraînant cette dernière.

II Interprétations et conséquences

- Si l'on répète une série d'épreuves identiques, indépendantes et nombreuses, modélisées par les variables aléatoires $X_1, X_2, \ldots, X_n, \ldots$, il est probable que la moyenne observée des X_i (on l'appelle aussi **moyenne empirique**) soit voisine de l'espérance μ des X_i. La probabilité que la moyenne observée s'écarte beaucoup de l'espérance est faible.

De cette loi, on déduit l'interprétation usuelle de l'espérance comme **moyenne des valeurs des X_i** sur un grand nombre d'expériences.

- La loi des grands nombres fournit aussi une justification *a posteriori* de l'**approche fréquentiste** des probabilités : la probabilité d'un événement peut être approchée par la fréquence de réalisation de cet événement lors de la réalisation d'un grand nombre d'expériences (d'où le vocabulaire « loi **des grands nombres** »).

Méthode

Utiliser la loi des grands nombres

On lance une pièce équilibrée. On note S_n la variable aléatoire égale au nombre de « piles » que l'on obtient au cours des n premiers lancers.

a. Pourquoi peut-on affirmer qu'il existe un entier naturel N tel que, si $n \geqslant N$, alors $P\left(\left|S_n - \frac{n}{2}\right| \geqslant 0{,}1n\right) < 0{,}05$?

b. Montrer que $P(0{,}4n < S_n < 0{,}6n) \geqslant 0{,}95$ équivaut à $P\left(\left|S_n - \frac{n}{2}\right| \geqslant 0{,}1n\right) < 0{,}05$.

c. Déterminer un entier naturel N tel que, si $n \geqslant N$, alors $P(0{,}4n < S_n < 0{,}6n) \geqslant 0{,}95$.

Conseils

a. Utilisez la loi des grands nombres et la définition d'une suite convergente.
b. Considérez des événements contraires.
c. Utilisez l'inégalité de concentration.

SOLUTION

a. • $S_n = X_1 + X_2 + \ldots + X_n$, où X_i est la variable de Bernoulli de paramètre $\frac{1}{2}$ qui prend la valeur 1 si le i-ième lancer donne « pile », la valeur 0 sinon. Les variables $X_1, X_2, \ldots, X_n$ sont indépendantes.

• On pose $M_n = \frac{S_n}{n}$. $\left|S_n - \frac{n}{2}\right| \geqslant 0{,}1n$ équivaut à $\left|M_n - \frac{1}{2}\right| \geqslant 0{,}1$.

D'après la loi des grands nombres, $P\left(\left|M_n - \frac{1}{2}\right| \geqslant 0{,}1\right)$ tend vers 0 quand n tend vers $+\infty$, donc il existe N tel que, si $n \geqslant N$, alors $P\left(\left|M_n - \frac{1}{2}\right| \geqslant 0{,}1\right) < 0{,}05$ et donc **$P\left(\left|S_n - \frac{n}{2}\right| \geqslant 0{,}1n\right) < 0{,}05$.**

b. $0{,}4n < S_n < 0{,}6n$ équivaut à $-0{,}1n < S_n - 0{,}5n < 0{,}1n$, soit $\left|S_n - \frac{n}{2}\right| < 0{,}1n$. Donc $P(0{,}4n < S_n < 0{,}6n) \geqslant 0{,}95$ équivaut à :

$P\left(\left|S_n - \frac{n}{2}\right| < 0{,}1n\right) \geqslant 0{,}95$, soit $P\left(\left|S_n - \frac{n}{2}\right| \geqslant 0{,}1n\right) < 0{,}05$.

c. Or d'après l'inégalité de concentration ▶ FICHE 50,
$P\left(\left|M_n - \frac{1}{2}\right| \geqslant 0{,}1\right) \leqslant \frac{25}{n}$ (car $V = \frac{1}{4}$). Il suffit donc que $\frac{25}{n} < 0{,}05$, soit $n > 500$. **On peut prendre $N = 501$.**

Quiz EXPRESS 52

Avez-vous bien révisé les fiches 50 et 51 ? On vérifie !

Concentration, loi des grands nombres

1 Inégalité de Markov

FICHE 50

Soit X une variable aléatoire qui suit la loi uniforme sur $\{1, 2, \ldots, s\}$. Alors, d'après l'inégalité de Markov :

☐ **a.** $P\left(X \geqslant \frac{s}{2}\right) \leqslant \frac{2}{3}$ ☐ **b.** $P\left(X \geqslant \frac{s+1}{2}\right) \leqslant \frac{2}{3}$

☐ **c.** $P\left(X \geqslant \frac{3}{4}(s+1)\right) \leqslant \frac{2}{3}$

2 Inégalités de concentration

FICHE 50

1. Soit X une variable aléatoire d'espérance μ et d'écart type σ. On pose $p = P\left(|X - \mu| \geqslant 2\sigma\right)$. On a :

☐ **a.** $p = 0$ ☐ **b.** $p \leqslant \frac{1}{4}$ ☐ **c.** $p \geqslant 0,5$

2. On effectue des tirages successifs avec remise d'une boule dans une urne contenant 2 boules rouges et 3 boules bleues. À partir de quel nombre n de tirages peut-on garantir à plus de 95 % que la proportion de boules rouges parmi les boules tirées restera strictement comprise entre 0,35 et 0,45 ?

☐ **a.** $n \geqslant 500$ ☐ **b.** $n \geqslant 950$ ☐ **c.** $n \geqslant 1\,920$

3 Loi des grands nombres

FICHE 51

Soit $(X_n)_{n \in \mathbb{N}^*}$ une suite de variables aléatoires deux à deux indépendantes et de même loi d'espérance μ, et ε un réel ($\varepsilon > 0$).

Pour tout entier $n \geqslant 2$, on pose : $M_n = \frac{X_1 + X_2 + \ldots + X_n}{n}$.

La suite de terme général $p_n = P\left(|M_n - \mu| \geqslant \varepsilon\right)$:

☐ **a.** est divergente. ☐ **b.** est convergente.

☐ **c.** a pour limite $+\infty$.

CORRIGÉS

1 Inégalité de Markov

Réponse c. $E(X) = \dfrac{s+1}{2}$. On cherche le réel positif a tel que $\dfrac{E(X)}{a} = \dfrac{2}{3}$, soit $a = \dfrac{3}{4}(s+1)$. Alors $P(X \geqslant a) \leqslant \dfrac{E(X)}{a}$.

2 Inégalités de concentration

1. **Réponse b.** D'après l'inégalité de Bienaymé-Tchebychev, pour tout réel $k > 0$, $P\left(|X - \mu| \geqslant k\sqrt{V}\right) \leqslant \dfrac{1}{k^2}$, où V est la variance de X. Comme $\sigma = \sqrt{V}$, avec $k = 2$, on a $P\left(|X - \mu| \geqslant 2\sigma\right) \leqslant \dfrac{1}{4}$.

2. **Réponse c.** Pour tout entier i compris entre 1 et n, on note Y_i la variable aléatoire qui prend la valeur 1 si la i-ième boule tirée est rouge, la valeur 0 sinon. $Y_1, Y_2, \ldots, Y_n$ sont deux à deux indépendantes et suivent la loi de Bernoulli de paramètre 0,4.

La proportion de boules rouges parmi les n boules tirées peut être modélisée par la variable aléatoire $M_n = \dfrac{Y_1 + Y_2 + \ldots + Y_n}{n}$.

On cherche n tel que $P\left(|M_n - 0{,}4| \geqslant 0{,}05\right) \leqslant 0{,}05$. Or, d'après l'inégalité de concentration, $P\left(|M_n - 0{,}4| \geqslant 0{,}05\right) \leqslant \dfrac{V}{n(0{,}05)^2}$, avec $V = V(Y_i) = 0{,}24$.

Il suffit donc d'avoir $\dfrac{V}{n(0{,}05)^2} \leqslant 0{,}05$, soit $n \geqslant \dfrac{0{,}24}{(0{,}05)^3}$ avec $\dfrac{0{,}24}{(0{,}05)^3} = 1\,920$.

3 Loi des grands nombres

Réponse b. D'après la loi des grands nombres, pour tout réel $\varepsilon > 0$: $\lim\limits_{n \to +\infty} P\left(|M_n - \mu| \geqslant \varepsilon\right) = 0$, soit $\lim\limits_{n \to +\infty} p_n = 0$.

La suite de terme général p_n converge vers 0.

Logique mathématique

53

☐ OK

I Quantificateurs et connecteurs logiques

1 Écrire avec des quantificateurs

Lorsque dans une proposition $\mathcal{P}$ apparaît une variable x, on précise à quel ensemble E appartient cette variable en faisant apparaître une quantification de façon explicite :

- Si la proposition est vraie pour **toute valeur** de la variable x dans l'ensemble E, on écrit : « Pour tout x appartenant à E, on a $\mathcal{P}$ ».
- Si la proposition est vraie pour **au moins une valeur** de la variable x dans l'ensemble E, on écrit : « Il existe x appartenant à E tel que $\mathcal{P}$ ».

2 Propositions liées par des connecteurs logiques

- **« $\mathcal{P}$ et Q »** signifie que les deux propositions sont vraies.
- **« $\mathcal{P}$ ou Q »** signifie qu'au moins une des deux propositions est vraie.
- **« $\mathcal{P}$ implique Q »** signifie que si on a $\mathcal{P}$ alors on a Q. On ne peut avoir « $\mathcal{P}$ et non Q » : $\mathcal{P}$ est une condition suffisante et Q est une condition nécessaire, on écrit $\mathcal{P} \Rightarrow Q$.
- **« $\mathcal{P}$ équivaut à Q »** signifie « $\mathcal{P}$ implique Q » et « Q implique $\mathcal{P}$ », on écrit $\mathcal{P} \Leftrightarrow Q$.

3 Négation d'une proposition

- La négation de « $\mathcal{P}$ **ou** Q » est « non $\mathcal{P}$ **et** non Q » (ni $\mathcal{P}$ ni Q).
- La négation de « $\mathcal{P}$ **et** Q » est « non $\mathcal{P}$ **ou** non Q » (au moins $\mathcal{P}$ ou Q n'est pas réalisée).
- La négation de « Pour tout x appartenant à E, on a $\mathcal{P}$ » est « Il existe x appartenant à E tel que non $\mathcal{P}$ ».
- La négation de « Il existe x appartenant à E tel que non $\mathcal{P}$ » est « Pour tout x appartenant à E, on a $\mathcal{P}$ ».

II Types de raisonnement

- Pour démontrer que la proposition **« Pour tout x appartenant à E, on a $\mathcal{P}$ » est fausse**, il suffit de trouver un contre-exemple, c'est- à-dire un élément de E qui ne vérifie pas $\mathcal{P}$.
- Pour démontrer une proposition $\mathcal{P}$ par l'**absurde**, on suppose que la négation de la proposition $\mathcal{P}$ est vraie et on en déduit une proposition contradictoire.

Le raisonnement par récurrence

54

☐ OK

I Le principe de récurrence

Soit n_0 un entier naturel et soit $\mathcal{P}_{n_0}, \mathcal{P}_{n_0+1}, \mathcal{P}_{n_0+2}, \ldots, \mathcal{P}_n, \ldots$ une suite de propositions.

Si $\mathcal{P}_{n_0}$ est vraie et si, pour n'importe quel entier naturel n tel que $n \geqslant n_0$, la vérité de $\mathcal{P}_n$ entraîne celle de $\mathcal{P}_{n+1}$, alors on peut conclure que pour tout entier naturel n tel que $n \geqslant n_0$, $\mathcal{P}_n$ est vraie.

II La démonstration par récurrence

- **Initialisation :** on démontre la proposition au premier rang, en général 0 ou 1.

$\mathcal{P}_0$ est vraie

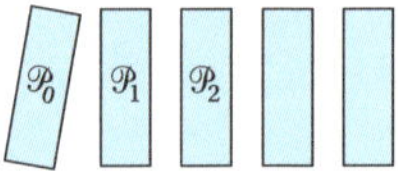

Le premier domino $\mathcal{P}_0$ tombe.

- **Hérédité :** on démontre que si la proposition est vraie au rang n alors elle est vraie au rang $n + 1$.

$\mathcal{P}_n$ est vraie entraîne $\mathcal{P}_{n+1}$ est vraie

Le domino $\mathcal{P}_n$ entraîne le domino $\mathcal{P}_{n+1}$

- **Conclusion :** on conclut que la proposition est vraie à partir du premier rang en utilisant le principe de récurrence.

Pour tout n, $n \geqslant 0$ ou $n \geqslant 1$, $\mathcal{P}_n$ est vraie

Tous les dominos tombent en cascade.

Algorithmique : variables, boucles, fonctions

55

☐ OK

I Affectation de variables

- Une variable est un emplacement (une « boîte ») dans lequel on peut stocker une « valeur » (nombre, texte...), repéré par une « étiquette » (son nom) qui permet d'avoir accès à son contenu. Ce contenu peut varier au cours de l'exécution d'un programme.
- L'affectation est notée « ← » dans un algorithme (pseudocode) et « = » en Python. *Exemples* :

Algorithme	Code Python	Sens
$A \leftarrow 12$	$A = 12$	Affecte à A la valeur 12, la valeur précédemment contenue dans A est « écrasée ».
$B \leftarrow A$	$B = A$	Affecte à B la valeur contenue dans A, ne modifie pas A.
$A \leftarrow A + 3$	$A = A + 3$	Ajoute 3 à la valeur numérique contenue dans A. Si A valait 12, A vaut maintenant 15.

II Boucles et fonctions

Boucle bornée (avec nombre d'itérations connus)

L'instruction *Pour...* (*for...* en langage Python) permet de répéter l'exécution d'un bloc d'instructions un nombre connu de fois.

Boucle non bornée (avec arrêt conditionnel)

L'instruction *Tant Que...* (*while...* en langage Python) permet de répéter l'exécution d'un bloc d'instructions tant qu'une certaine condition est réalisée : l'exécution s'arrête dès que la condition n'est plus remplie.

Fonctions

- Si, dans un programme, on doit exécuter plusieurs fois la même série d'instructions, on peut enregistrer ces instructions dans une fonction, qu'on appelle quand on en a besoin.
- La fonction peut prendre des arguments (ou paramètres) et renvoyer une valeur (en Python, l'instruction correspondante est *return* « valeur »).

Les listes

56

☐ OK

I Créer une liste

- Pour créer une liste **en extension**, il suffit de saisir ses éléments entre crochets, séparés par des virgules.
- Pour créer une liste par **ajouts successifs**, la méthode « append » ajoute un élément en dernière position ; la méthode « extend » ajoute tous les éléments de la liste prise en argument.

À noter

On obtient des résultats analogues par **concaténation**.

- On crée une liste **en compréhension** à partir des éléments d'une liste initiale, éventuellement ceux vérifiant une certaine condition (filtrage).

Exemple : `[n**2 for n in range(2,9)]` crée une liste dont les éléments sont les carrés des entiers de 2 à 8.

II Manipuler des éléments d'une liste

- L'instruction `liste[2]` permet d'**accéder** à l'élément d'index 2, c'est-à-dire celui situé en troisième position.
- L'instruction `del liste[2]` **supprime** l'élément d'index 2.

L'instruction `liste.remove(1)` **supprime** la première occurrence du 1.

- L'instruction `liste[2]=a` **donne** à l'élément d'index 2 la **valeur** *a* ; l'instruction `liste.insert(2,b)` **insère** *b* à l'index 2, décale les autres éléments.
- Pour **itérer** sur les éléments d'une liste, on utilise par exemple :

• **sans index**

```
for x in liste6:
    print(x)
```

• **avec index**

```
for n,x in enumerate(liste):
    print(x)
```

III Trouver la longueur d'une liste et la trier

- L'instruction `len(liste)` permet d'obtenir la longueur (c'est-à-dire le nombre d'éléments) de la liste.
- Pour **trier** les éléments d'une liste suivant leur valeur (**ordre croissant** pour des nombres, **ordre alphabétique** pour des chaînes de caractères) :

• la méthode « sort( ) » remplace la liste initiale par la liste ordonnée ;

• la fonction « sorted( ) » crée une nouvelle liste à nommer et enregistrer.

Achevé d´imprimer en Espagne par Grafo à Basauri
Dépôt légal: n° 06430-0/01 - Octobre 2020